爱上一座城

林徽因 著

民主与建设出版社
·北京·

图书在版编目(CIP)数据

爱上一座城 / 林徽因著. -- 北京：民主与建设出版社，2018.10（2024.5 重印）

ISBN 978-7-5139-2325-5

Ⅰ. ①爱… Ⅱ. ①林… Ⅲ. ①建筑学 - 文集 Ⅳ. ①TU-53

中国版本图书馆CIP数据核字（2018）第228175号

爱上一座城

AI SHANG YI ZUO CHENG

著　　者	林徽因
责任编辑	刘树民
出版发行	民主与建设出版社有限责任公司
电　　话	（010）59417747　59419778
社　　址	北京市海淀区西三环中路10号望海楼E座7层
邮　　编	100142
印　　刷	三河市天润建兴印务有限公司
版　　次	2018年10月第1版
印　　次	2024年5月第2次印刷
开　　本	880mm × 1230mm　1/32
印　　张	6
字　　数	150千字
书　　号	ISBN 978-7-5139-2325-5
定　　价	38.00 元

注：如有印、装质量问题，请与出版社联系。

目录 CONTENT

论中国建筑之几个特征[①]

中国建筑为东方最显著的独立系统，渊源深远，而演进程序单纯，历代继承，线索不紊，而基本结构上又绝未因受外来影响致激起复杂变化者。不止在东方三大系建筑之中，较其他特广，而艺术又独臻于最高成熟点。即在世界东西各建筑派系中，相较起来，也是个极特殊的直贯系统。大凡一例建筑，经过悠长的历史，多参杂外来影响，而在结构，布置乃至外观上，常发生根本变化，或循地理推广迁移，因致渐改旧制，顿易材料外观，待达到全盛时期，则多已脱离原始胎形，另具格式。独有中国建筑经历极长久之时间，流布甚广大的地面，而在其最盛期中或在其后代繁衍期中，诸重要建筑物，均始终不脱其原始面目，保存其固有主要结构部分，及布置规模，虽同时在艺术工程方面，又皆无可置议的进化至极高程度。更可异的是：产生这建筑的民族的历史却并不简单，且并不缺乏种种宗教上、思想上、政治组织上的叠出变化；更曾经多次与强盛的外族或在思想上和平的接触（如印度佛教之传入），或在实际利害关系上发生冲突战斗。

这结构简单，布置平整的中国建筑初形，会如此的泰然，享受几千年繁衍的直系子嗣，自成一个最特殊、最体面的建筑大族，实是一

① 发表于 1932 年 3 月《中国营造学社汇刊》第 3 卷 1 期。

桩极值得研究的现象。

虽然，因为后代的中国建筑，即达到结构和艺术上极复杂精美的程度，外表上却仍呈现出一种单纯简朴的气象，一般人常误会中国建筑根本简陋无甚发展，较诸别系建筑低劣幼稚。这种错误观念最初自然是起于西人对东方文化的粗忽观察，常作浮躁轻率的结论，以致影响到中国人自己对本国艺术发生极过当的怀疑乃至鄙薄。好在近来欧美迭出深刻的学者对于东方文化慎重研究，细心体会之后，见解已迥异从前，积渐彻底会悟中国美术之地位及其价值。但研究中国艺术尤其是对于建筑，比较是一种新近的趋势。外人论著关于中国建筑的，尚极少好的贡献，许多地方尚待我们建筑家今后急起直追，搜寻材料考据，作有价值的研究探讨，更正外人的许多隔膜和谬解处。

在原则上，一种好建筑必含有以下三要点：实用；坚固；美观。实用者：切合于当时当地人民生活习惯，适合于当地地理环境。坚固者：不违背其主要材料之合理的结构原则，在寻常环境之下，含有相当永久性的。美观者：具有合理的权衡（不是上重下轻巍然欲倾，上大下小势不能支；或孤耸高峙或细长突出等等违背自然律的状态），要呈现稳重，舒适，自然的外表，更要诚实的呈露全部及部分的功用，不事掩饰，不矫揉造作，勉强堆砌。美观，也可以说，即是综合实用、坚稳，两点之自然结果。

一、中国建筑，不容疑义的，曾经包含过以上三种要素。所谓曾经者，是因为在实用和坚固方面，因时代之变迁已有疑问。近代中国与欧西文化接触日深，生活习惯已完全与旧时不同，旧有建筑当然有许多跟着不适用了。在坚稳方面，因科学发达结果，关于非永久的木料，已有更满意的代替，对于构造亦有更经济精审的方法。

已往建筑因人类生活状态时刻推移，致实用方面发生问题以后，仍然保留着它的纯粹美术的价值，是个不可否认的事实。和埃及的金字塔，希腊的巴瑟农（Parthenon）一样，北京的坛，庙，宫，殿，是会永远继续着享受荣誉的，虽然它们本来实际的功用已经完全失掉。纯粹美术价值，虽然可以脱离实用方面而存在，它却绝对不能脱离坚稳合理的结构原则而独立的。因为美的权衡比例，美观上的多少特征，全是人的理智技巧，在物理的限制之下，合理地解决了结构上所发生的种种问题的自然结果。

二、人工制造和天然趋势调和至某程度，便是美术的基本，设施雕饰于必需的结构部分，是锦上添花；勉强结构纯为装饰部分，是画蛇添足，足为美术之玷。

中国建筑的美观方面，现时可以说，已被一般人无条件地承认了。但是这建筑的优点，绝不是在那浅现的色彩和雕饰，或特殊之式样上面，却是深藏在那基本的，产生这美观的结构原则里，及中国人的绝对了解控制雕饰的原理上。我们如果要赞扬我们本国光荣的建筑艺术，则应该就它的结构原则，和基本技艺设施方面稍事探讨；不宜只是一味的，不负责任，用极抽象，或肤浅的诗意美谀，披挂在任何外表形式上，学那英国绅士骆斯背（Ruskin）对高矗式（Gothic）建筑，起劲地唱些高调。

建筑艺术是个在极酷刻的物理限制之下，老实的创作。人类由使两根直柱架一根横楣，而能稳立在地平上起，至建成重楼层塔一类作品，其间辛苦艰难的展进，一部分是工程科学的进境，一部分是美术思想的活动和增富。这两方面是在建筑进步的一个总题之下，同行并进的。虽然美术思想这边，常常背叛他们的共同目标——创造好建筑——脱逾常轨，尽它弄巧的能事，引诱工程方面牺牲结构上诚实原则，来将就外表取巧的地方。在这种情形之下时，建筑本身常被连累，损伤了真正的价值。在中国各代建筑之中，也有许多这样的证例，所以在中国一系列建筑之中的精品，也是极罕有难得的。

大凡一派美术都分有创造，试验，成熟，抄袭，繁衍，堕落诸期，建筑也是一样。初期作品创造力特强，含有试验性。至试验成功，成绩满意，达尽善尽美程度，则进到完全成熟期。成熟之后，必有相当时期因承相袭，不敢，也不能，逾越已有的则例；这期间常常是发生订定则例章程的时候。再来便是在琐节上增繁加富，以避免单调，冀求变换，这便是美术活动越出目标时。这时期始而繁衍，继则堕落，失掉原始骨干精神，变成无意义的形式。堕落之后，继起的新样便是第二潮流的革命元勋。第二潮流有鉴于已往作品的优劣，再研究探讨第一代的精华所在，便是考据学问之所以产生。

中国建筑的经过，用我们现有的，极有限的材料作参考，已经可以略略看出各时期的起落兴衰。我们现在也已走到应作考察研究的时代了。在这有限的各朝代建筑遗物里，很可以观察，探讨其结构和式样的特征，来标证那时代建筑的精神和技艺，是兴废还是优劣。但此节非等将中国建筑基本原则分析以后，是不能有所讨论的。

在分析结构之前，先要明了的是主要建筑材料，因为材料要根本影响其结构法的。中国的主要建筑材料为木次加砖石瓦之混用。外表上一座中国式建筑物，可明显的分作三大部：台基部分；柱梁部分；

屋顶部分。台基是砖石混用。由柱脚至梁上结构部分，直接承托屋顶者则全是木造。屋顶除少数用茅茨，竹片，泥砖之外自然全是用瓦。而这三部分——台基，柱梁，屋顶——可以说是我们建筑最初胎形的基本要素。

《易经》里“上古穴居而野处，后世圣人易之以宫室，上栋。下宇。以待风雨”。还有《史记》里：“尧之有天下也，堂高三尺……”可见这“栋”“宇”及“堂”（基）在最古建筑里便占定了它们的部分势力。自然最后经过繁重发达的是“栋”——那木造的全部，所以我们也要特别注意。

这架构制的特征，影响至其外表式样的，有以下最明显的几点：（一）高度无形的受限制，绝不出木材可能的范围。（二）即极庄严的建筑，也是呈现绝对玲珑的外表。结构上既绝不需要坚厚的负重墙，除非故意为表现雄伟的时候，酌量增用外（如城楼等建筑），任何大建，均不需墙壁堵塞部分。（三）门窗部分可以不受限制，柱与柱之间可以完全安装透光线的细木作——门屏窗牖之类。实际方面，即在玻璃未发明以前，室内已有极充分光线。北方因气候关系，墙多于窗，南方则反是，可伸缩自如。

这不过是这结构的基本方面，自然的特征。还有许多完全是经过特别的美术活动，而成功的超等特色，合中国建筑占极高的美术位置的，而同时也是中国建筑之精神所在。这些特色最主要的便是屋顶、台基、斗拱、色彩和匀称的平面布置。

屋顶本是建筑上最实际必需的部分，中国则自古，不殚烦难的，使之尽善尽美。使切合于实际需求之外，又特具一种美术风格。屋顶最初即不止为屋之顶，因雨水和日光的切要实题，早就扩张出檐的部分。使檐突出并非难事，但是檐深则低，低则阻碍光线，且雨水顺势急流，檐下溅水问题因之发生。为解决这个问题，我们发明飞檐，用双层瓦椽，使檐沿稍翻上去，微成曲线。又因美观关系，使屋角之檐加甚其仰翻曲度。这种前边成曲线，四角翘起的“飞檐”，在结构上有极自然又合理的布置，几乎可以说它便是结构法所促成的。

如何是结构法所促成的呢？简单说：例如“庑殿”式的屋瓦，共有四坡五脊。正脊寻常称房脊，它的骨架是脊桁。那四根斜脊，称“垂脊”，它们的骨架是从脊桁斜角，下伸至檐桁上的部分，称由戗及角梁。桁上所钉并排的椽子虽像全是平行的，但因偏左右的几根又要同这“角梁平行”，所以椽的部位，乃由真平行而渐斜，像裙裾的开展。

角梁是方的，椽为圆径（有双层时上层便是方的，角梁双层时则仍全是方的）。角梁的木材大小几乎倍于椽子，到椽与角梁并排时，两个的高下不同，以致不能在它们上面铺钉平板，故此必须将椽依次的抬高，令其上皮同角梁上皮平，在抬高的几根椽子底下填补一片三角形的木板称“枕头木”，如图。

这个曲线在结构上几乎不可信的简单，和自然，而同时在美观方面不知增加多少神韵。飞檐的美，绝用不着考据家来指点的。不过注意那过当和极端的倾向常将本来自然合理的结构变成取巧与复杂。这过当的倾向，外表上自然也呈出脆弱，虚张的弱点，不为审美者所取，但一般人常以为愈巧愈繁必是愈美，无形中多鼓励这种倾向。南方手艺灵活的地方，过甚的飞檐便是这种证例。外观上虽是浪漫的姿态，容易引诱赞美，但到底不及北方的庄重恰当，合于审美的最真纯条件。

屋顶曲线不止限于挑檐，即瓦坡的全部也不是一片直坡倾斜下来，屋顶坡的斜度是越往上越增加，如图。

这斜度之由来是依着梁架叠层的加高，这制度称作“举架法”。这举架的原则极其明显，举架的定例也极其简单只是叠次将梁架上瓜柱增高，尤其是要脊瓜柱特别高。

使檐沿作仰翻曲度的方法，在增加第二层檐椽，这层檐甚短只驮在头檐椽上面，再出挑一节，这样则檐的出挑虽加远，而不低下阻蔽光线。

总的说起来，历来被视为极特异神秘之屋顶曲线，并没有什么超出结构原则，和不自然造作之处，同时在美观实用方面均是非常的成功。这屋顶坡的全部曲线，上部巍然高举，檐部如翼轻展，使本来极无趣，极笨拙的屋顶部，一跃而成为整个建筑的美丽冠冕。

在周礼里发现有“上欲尊而宇欲卑；上尊而宇卑，则吐水疾而霤远”之句。这句可谓明晰地写出实际方面之功效。

既讲到屋顶，我们当然还是注意到屋瓦上的种种装饰物。上面已说过，雕饰必是设施于结构部分才有价值，那么我们屋瓦上的脊瓦吻兽又是如何?

脊瓦可以说是两坡相联处的脊缝上一种镶边的办法，当然也有过当复杂的，但是诚实的来装饰一个结构部分，而不肯勉强地来掩饰一个结构枢纽或关节，是中国建筑最长之处。

瓦上的脊吻和走兽，无疑的，本来也是结构上的部分。现时的龙头形“正吻”古称“鸱尾”，最初必是总管“扶脊木”和脊桁等部分的一块木质关键，这木质关键突出脊上，略作鸟形，后来略加点缀竟然刻成鸥鸟之尾，也是很自然的变化。其所以为鸥尾者还带有一点象征意义，因有传说鸥鸟能吐水拿它放在瓦脊上可制火灾。

走兽最初必为一种大木钉，通过垂脊之瓦，至“由戗”及“角梁”上，以防止斜脊上面瓦片的溜下，唐时已变成两座“宝珠”在今之“戗兽”及“仙人”地位上。后代鸥尾变成“龙吻”，宝珠变成“戗兽”及“仙人”，尚加增“戗兽”“仙人”之间一列“走兽”，也不过是雕饰上变化而已。

并且垂脊上戗兽较大，结束“由戗”一段，底下一列走兽装饰在角梁上面，显露基本结构上的节段，亦甚自然合理。

南方屋瓦上多加增极复杂的花样，完全脱离结构上任务纯粹的显示技巧，甚属无聊，不足称扬。

外国人因为中国人屋顶之特殊形式，迥异于欧西各派，早多注意及之。论说纷纷，妙想天开。有说中国屋顶乃根据游牧时代帐幕者，有说象形蔽天之松枝者，有目中国飞檐为怪诞者，有谓中国建筑类儿戏者，有的全由走兽龙头方，无谓的探讨意义，几乎不值得在此费时反证，总之这种曲线屋顶已经从结构上分析了，又从雕饰设施原则上审察了，而其美观实用方面又显著明晰，不容否认。我们结论实可以简单地承认它艺术上的大成功。

中国建筑的第二个显著特征，并且与屋顶有密切关系的，便是，“斗拱”部分。最初檐承于椽，椽承于檐桁，桁则架于梁墙。此梁端既是由梁架延长，伸出柱的外边。但高大的建筑物出檐既深，单指梁端支持，势必不胜，结果必产生重叠木“翘”支于梁端之下。但单籍木翘不够担全檐沿的重量，尤其是建筑物愈大，两柱间之距离也愈远，所以又生左右岔出的横“拱”来接受“檐桁”这前后的木翘，左右的横拱，结合而成的“斗拱”全部（在拱或翘昂的两端和相交处，介于上下两层拱或翘之间的斗形木块称“枓”）。“昂”最初为又一种之翘，后部斜伸出斗拱后用以支“金桁”。

斗拱是柱与屋顶的过渡部分。伸支出的房檐的重量渐次集中下来直到柱的上面。斗拱的演化，每是技巧上的进步，但是后代斗拱（约略从宋元以后），便变化到非常复杂，在结构上已有过当的部分，部位上也有改变。本来斗拱只限于柱的上面（今称柱头斗），后来为外观关系，又增加一攒所谓“平身科”者，在柱与柱之间。明清建筑上平身科加增到六七攒，排成一列，完全成为装饰品，失去本来功用。“昂”之后部功用变废除，只余前部形式而已。

不过当复杂的斗拱，的确是柱与檐之间最恰当的关节，集中横展的屋檐重量，到垂直的立柱上面，同时变成檐下的一种点缀，可作结构本身变成装饰部分的最好条例。可惜后代的建筑多减轻斗拱的结构上重要，使之几乎纯为奢侈的装饰品，令中国建筑失却一个优越的中坚要素。

斗拱的演进式样和结构限于篇幅不能再仔细述说，只能就它的极基本原则上在此指出它的重要及优点。

斗拱以下的最重要部分，自然是柱，及柱与柱之间的细巧的木作。魁伟的圆柱和细致的木刻门窗对照，又是一种艺术上的得意之点。不止如此，因为木料不能经久的原始缘故，中国建筑又发生了色彩的特征。涂漆在木料的结构上为的是：（一）保存木质抵制风日雨水，（二）可牢结各处接合关节，（三）加增色彩的特征，这又是兼收美观实际上的好处，不能单以色彩作奇特繁华之表现。彩绘的设施在中国建筑上，非常之慎重，部位多限于檐下结构部分，在阴影掩映之中。主要彩色亦为“冷色”如青蓝碧绿，有时略加金点。其他檐以下的大部分颜色则纯为赤红，与檐下彩绘正成反照。中国人的操纵色彩可谓轻重得当。设使滥用彩色于建筑全部，使上下耀目辉煌，必成野蛮现象，失掉所有庄严和调谐，别系建筑颇有犯此忌者，更可见中国人有超等美术见解。

至彩色琉璃瓦产生之后，连黯淡无光的青瓦，都成为片片堂皇的黄金碧玉，这又是中国建筑的大光荣，不过滥用杂色瓦，也是一种危险，幸免这种引诱，也是我们可骄傲之处。

还有一个最基本结构部分——台基——虽然没有特别可议论称扬之处，不过在全个建筑上看来，有如许壮伟巍峨的屋顶如果没有特别舒展或多层的基座托衬，必显出上重下轻之势，所以既有那特种的屋顶，则必须有这相当的基座，架构建筑本身轻于垒砌建筑，中国又少有多层楼阁，基础结构颇为简陋，大建筑的基座加有相当的石刻花纹，这种花纹的分配似乎是根据原始木质台基而成，积渐施之于石。与台基连带的有石栏，石阶，辇道的附属部分，都是各有各的功用而同时又都是极美的点缀品。

最后的一点关于中国建筑特征的，自然是它的特种的平面布置。平面布置上最特殊处是绝对本着均衡相称的原则，左右均分的对峙。这种分配倒并不是由于结构，主要原因是起于原始的宗教思想和形式，社会组织制度，人民俗习，后来又因喜欢守旧仿古，多承袭传统的惯例。结果均衡相称的原则变成中国特有的一个固执嗜好。

例外于均衡布置建筑，也有许多。因庄严沉闷的布置，致激起故意浪漫的变化；此类若园庭、别墅，宫苑楼阁者是平面上极其曲折变幻，与对称的布置正相反其性质。中国建筑有此两种极端相反布置，这两种庄严和浪漫平面之间，也颇有混合变化的实例，供给许多有趣的研究，可以打消西人浮躁的结论，谓中国建筑布置上是完全的单调而且缺乏趣味。但是画廊亭阁的曲折纤巧，也得有相当的限制。过于勉强取巧的人工虽可令寻常人惊叹观止，却是审美者所最鄙薄的。

在这里我们要提出中国建筑上的几个弱点。（一）中国的匠师对木料，尤其是梁，往往用得太费。他们显然不明了横梁载重的力量只与梁高成正比例，而与梁宽的关系较小。所以梁的宽度，由近代的工程眼光看来，往往嫌其太过。同时匠师对于梁的尺寸，因没有计算木力的方法，不得不尽量地放大，用极大的factor of safety，以保安全，结果是材料的大糜费。（二）他们虽知道三角形是唯一不变动的几何形，但对于这原则极少应用。所以中国的屋架，经过不十分长久的岁月，便有倾斜的危险。我们在北平街上，到处可以看见这种倾斜而用砖墙或木桩支撑的房子。不惟如此，这三角形原则之不应用，也是屋梁费料的一个大原因，因为若能应用此原则，梁就可用较小的木料。（三）地基太浅是中国建筑的大病。普通则例规定是台明高之一半，下面再垫上几点灰土。这种做法很不彻底，尤其是在北方，地基若不刨到结冰线（Frost Line）以下，建筑物的坚实方面，因地的冻冰，一定要发生问题。好在这几个缺点，在新建筑师的手里，并不成难题。我们只怕不了解，了解之后，要去避免或纠正是很容易的。

结构上细部枢纽，在西洋诸系中，时常成为被憎恶部分。建筑家不惜费尽心思来掩蔽它们。大者如屋顶用女儿墙来遮掩，如梁架内部结构，全部藏入顶篷之内；小者如钉，如合叶，莫不全是要掩藏的细部。独有中国建筑敢袒露所有结构部分，毫无畏缩遮掩的习惯，大者如梁，如椽，如梁头，如屋脊；小者如钉，如合叶，如箍头，莫不全数呈露外部，或略加雕饰，或布置成纹，使转成一种点缀。几乎全部结构各成美术上的贡献。这个特征在历史上，除西方高矗式（Gothic）建筑外，惟有中国建筑有此优点。

现在我们方在起始研究，将来若能将中国建筑的源流变化悉数考察无遗，那时优劣诸点，极明了的陈列出来，当更可以慎重讨论，作将来中国建筑趋途的指导。省得一般建筑家，不是完全遗弃这已往的制度，则是追随西人之后，盲目抄袭中国宫殿，做无意义的尝试。

关于中国建筑之将来，更有特别可注意的一点：我们架构制的原则适巧和现代“洋灰铁筋架”或“钢架”建筑同一道理，以立柱横梁牵制成架为基本。现代欧洲建筑为现代生活所驱，已断然取革命态度，尽量利用近代科学材料，另具方法形式，而迎合近代生活之需求。若工厂，学校，医院，及其他公共建筑等为需要日光便利，已不能仿取古典派之垒砌制，致多墙壁而少窗牖。中国架构制既与现代方法恰巧同一原则，将来只需变更建筑材料，主要结构部分则均可不有过激变动，而同时因材料之可能，更作新的发展，必有极满意的新建筑产生。

祖国的建筑传统与当前的建设问题①

两年多以前，解放了的中国人民就开始了全国性的建设工作。从那时到今天这短短的期间内，全国人民所建造的房屋面积比以往五千年历史中任何一个三年都多。土地改革后的农村中出现了数以百万计的新农合；城市中出现了无数的工厂、学校、托儿所、医院、办公楼、工人住宅和市民住宅。通过这样庞大规模的工作，全国的建筑工人、建筑师和工程邮都不断地提高了自己的政治觉悟，以最愉快的心情和高度的热情接受了全国人民交给他们的光荣任务——全心全意地进行一切和平建设，为美好的社会主义社会打下基础。

过去一世纪以来，我国沿海岸的大城市赤裸裸地反映了半殖民地的可耻的特性。上海是伦敦东头的缩影，青岛和大连的建筑完全反映日耳曼和日本的气氛。官僚地主丧失了民族自尊心，买办们崇拜外国商人在我们的土地上所蛮横地建造的“洋楼”，大城市的建筑工人也被迫放弃了自己的传统和艺术，为所谓“洋式建筑”服务。我国原有的建筑不但被鄙视，并且大量地被毁灭，城市原有的完整性，艺术风格上的一致性，被强暴地破坏了。帝国主义的军事、经济、文化的侵略本质，在我们许多城市中的建筑上显著而具体地表现了出来。

① 发表于 1952 年 9 月 16 日《新观察》第 16 期，署名：梁思成、林徽因。

建筑本来是有民族特性的，它是民族文化中最重要的表现之一；新中国的建筑必须建筑在民族优良传统的基础上，这已是今天中国大多数建筑师们所承认的原则。凡是参加城市建筑设计的建筑师们都负有三重艰巨任务；他们必须肃清许多城市中过去半殖民地的可耻的丑恶面貌，必须恢复我们建筑上的民族特性，发扬光大祖国高度艺术性的建筑体系，同时又必须吸收外国的，尤其是苏联的先进经验，以满足新民主主义的经济建设和文化建设中众多而繁复的需求，真正地表现毛泽东时代的新中国的精神。

在人类各民族的建筑大家庭中，中华民族的建筑是一个独特的体系。我们祖先采用了一个极其智慧的方法：在一个台基上用木材先树立构架以负荷上部的重量；墙壁只做分隔内外的作用而不必负重，因而门窗的大小和位置都能取得最大的自由，不受限制。这个建筑体系能够适应任何气候，适用于从亚热带到亚寒带的广大地区。这种构架法正符合现代的钢架或钢筋水泥构架的原则，如果中国建筑采用这类现代材料和技术，在大体上是毫不矛盾的。这也是保持中国风格的极有利条件。

我们古代的建筑匠师们积累了世代使用木材的特别经验，创造了在柱头之上用层叠的挑梁，以承托上面横梁，使得屋顶部分出檐深远，瓦坡的轮廓优美。用层叠扰出的木材所构成的每一个组合称作“斗拱”。“斗拱”和它们所承托的庄严的屋顶，都是中国建筑上独有的特征，和欧洲教堂石骨发券结构一样，都是人类在建筑上所达到的高度艺术性的工程。“我们古代的匠师们还巧妙地利用保护木材的油漆，大胆地把不同的颜色组成美丽的彩画、图案；不但用在建筑内部，并且用在建筑外部檐下的梁枋上，取得外表上的优异的效果。在屋瓦上，我们也利用有色的琉璃瓦。这种用颜色的艺术是中国建筑体系的一个显著特征。在应用色调和装潢方面，中国匠师表现出极强的控制能力，在建筑上所取得的总效果都表现着适当的富丽而又趋向于简练”。另外还有一个特点：在中国建筑中，每一个露在外面的结构部分同时也就是它的装饰部分；那就是说，每一件装饰品都是加了工的结构部分。中国建筑的装饰与结构是完全统一的。天安门就是这一切优点的卓越的典型范例。

在平面布置上，一所房屋是由若干座个别的厅堂廊庑和由它们围绕着而形成的庭院或若干庭院组合而成的。建筑物和它们所围绕而成的庭院是作为一个整体而设计的。在处理空间的艺术上也达到了最高度的成就。

中国的建筑体系至迟在公元前十五世纪已经形成，至迟到汉朝（公元前二〇六、二二〇年）就已经完全成熟。木结构的形式，包括梁柱、斗拱和屋顶，已经被“翻译”到石建筑上去了。中国建筑虽然也采用砖石建造一些重要的工程和纪念性的建筑物，但仍以木结构为主，继续发展它的特长，使它日臻完善，这样成功地赋予纯粹木构建筑以宏大的气魄，是世界各建筑体系中所没有的现象。

这种庄重堂皇的建筑物最卓越显著的范例莫如北京的宫殿，那是所有到过北京的人们所熟悉的。当然，还有各地的许多庙宇衙署也都具有相同的品质。它们都以厅堂、门楼、廊庑以及它们所围绕着的庭院构成一个有机的整体、雄伟壮丽，它们能给人以不易磨灭的印象。这种同样的结构和部署用作住宅时，无论是乡间的农舍或是城市中的宅第，也都可以使其简朴而适合于日常工作和生活的需要。

古代木结构中一些个别罕贵重要的文物是应当在这里提到的。山西省五台山佛光寺的正殿是一座八五七年建造的佛教建筑，至今仍然十分完整。河北省蓟县的独乐寺中，立着中国第二古的木建筑。一座以两个正层和一个暗层构成的三层建筑也已经屹立了九百六十八年。这三层建筑是围绕着国内最大的一尊泥塑立像建造的。上两层的楼板当中都留出一个“井”，让立像高贯三楼，结构极为工巧。

木结构另一个伟大的奇迹是察哈尔应县佛宫寺的木塔，有五个正层和四个暗层，共九层，由刹尖到地面共高六十六米。这个极其大胆的结构表现了我国古代匠师在结构方面和艺术方面无可比拟的成就。再过四年，这座雄伟的建筑就满九百年的高龄了。

从这几座千年左右的杰作中，我们不惟可以看到中国木构建筑的纪念性品质和工巧的结构，而且可以得出结论，这种木结构之所以能有这样的持久性，就是因为它的结构方法科学地合乎木材的性能。

年龄在七百年以上的木建筑，据建筑史家局部的初步调查，全国还有三十余处。进一步有系统的调查，必然还能找到更多的遗物。可惜这三十余处中已经很少完整的全组，而只是个别的殿堂。成组的如察哈尔大同的善化寺（辽金时代）和山西太原的晋祠（北宋）都是极为罕贵的。北京故宫——包括太庙（文化宫）和社稷坛（中山公园）——全组的布局，虽然时代略晚，但规模之大，保存之完整，更是珍贵无比的。

在砖或石的建筑方面，古代的工程师和建筑师们也发挥了高度的创造性。在陵墓建筑，防御工程，桥梁工程和水利工程上都有伟大的创造。

著名的万里长城起伏蜿蜒在二千三百余公里的山脊上，北京的城墙和巍峨的城门楼是构成北京的整体的一个重要因素。它们不是没有生命的砖石堆，而是浑厚伟大的艺术杰作。在造桥方面，一千三百年前建造的河北省赵县的大石桥是用一个跨度约 37.50 米的券做成的“空撞券桥”。像那样在主券上用小券的无比聪明的办法，直到一九一二年才初次被欧洲人采用；而在那样早的年代里，竟有一位名叫李春的匠人给我们留下这样一件伟大壮丽的工程，足以证明在那时候以前，我国智慧的劳动人民的造桥经验，已经是多么丰富了。

今日在全国的土地上最常见的砖石建筑是全国无数的佛塔，其中很多是艺术杰作。河南省嵩山篙岳寺的砖塔是我国佛教建筑中最古的文物，建于公元五二〇年，也是国内现存最古的砖建筑。它只是简单地用砖砌成，只有极少的建筑装饰。只凭它十五层的叠涩檐和柔和的抛物线所形成的秀丽挺拔的轮廓，已足以使它成为最伟大的艺术品。在河北省涿县的双塔上，十一世纪的建筑师却极其巧妙地用砖作表现了木构建筑的形式，外表与略早的佛官寺木塔几乎完全一样。虽然如此，它们仍充分地表现了砖石结构浑厚的品质。

砖石建筑在华北和西北广泛地被采用着，它们都用筒形券的结构。当以砖石作为殿堂时，则按建筑物纪念性之轻重，适当地用砖石表现木结构的样式。许多所谓“无梁殿”的建筑，如山西太原木柞寺明末（一五九五年）的大雄宝殿都属于这一类。

检查我们过去的许多建筑物，我们注意到两种重要事实：一、无论是木结构或砖石结构，无论在各地方有多少不同的变化，中国建筑几千年来都保持着一致的、一贯的、明确的民族特性。二、我们古代的匠师们善于在自己的传统的基础上适当地吸收外来的影响，丰富了自己，但从来没有因此而丧失了自己的民族特性。千余年来分布全国的佛教建筑和回教建筑最清晰地证明了这一点。

但是自从帝国主义以武力侵略我国、文化上和平而自然的交流被蛮横的武力所代替以来，情形就不同了。沿海岸和长江上的一些“通商口岸”被侵略者用他们带来的建筑形式生硬地移植到原来的环境中，对于我国城市的环境风格加以傲慢的鄙视和粗暴的破坏。学校里训练出来新型的知识分子的建筑师竟全部放弃中国建筑的传统，由思想到技术完完全全地模仿欧美的建筑体系，不折不扣地接受了欧美建筑传统，把它硬搬到祖国来。过去一世纪的中国建筑史正是中国近代被侵略史的另一悲惨的版本！

从满清末年到解放以前，有些建筑师们只为少数地主、官僚、买办建造少数的公馆、洋行、公司，为没落的封建制度和半殖民地的政治经济服务。因为殖民地经济的可怜情况，建筑不但在结构和外表方面产生了许多丑恶类型，而且在材料方面，在平面的部署方面都堕落到最不幸的水平。

建筑师们变成为帝国主义的经济、文化侵略服务。同时蔑视自己本国艺术遗产、优秀工匠和成熟而优越的技术传统。此后任何建筑作品都成了最不健康的殖民地文化的最明显的代表，反映着那时期的畸形的政治经济情况。到了解放的前夕，每一个爱国的建筑师越来越充满了痛苦而感到彷徨。

祖国的解放为我们全国的建筑师带来了空前的大转变。我们不但忽然得到了设计成千上万的住宅、工厂、学校、医院、办公楼的机会，我们不但在一两年中所设计的房屋面积就可能超过过去半生所设计的房屋面积的总和乃至若干倍，最主要的是我们知道我们的服务对象不是别人，而是劳动人民。

我们是为祖国的和平的社会主义事业而建设，也是为世界的和平建设的一部分而努力。我们集体工作的成果将是这新时代的和平民主精神的表现。我们的工作充满了重要意义，在今天，任何建筑师，无论在经济建设或文化建设中，都是最活跃的一员。我们为这光荣的任务感到兴奋和骄傲。但是我们也因此而感到还应当以更严肃的态度担负起这沉重的责任。

这许多重大的意义，建筑师们不是一下子就认识到的。由于过去的习惯，起初我们只见到因为建造的量的增加使我们得以“一显身手”的许多机会，但很快地一个严重的问题使我们思索了。这么大量的建造之出现将要改变祖国千百个城市的面貌。

我们应该用什么材料、什么结构、什么形式来处理呢？这是需要认真的思虑的，是必须有正确领导的，是不能任其自流和盲目发展的。好在在这里，共同纲领的文化教育政策已给了我们一个行动指南。这就是毛主席所提出的新民主主义的文化教育政策。

遵照毛主席在《新民主主义论》中对于新文化的英明正确的分析，中国的新文化是民族的。它是反对帝国主义压迫，主张中华民族的尊严和独立的。它是我们这个民族的，带有我们的民族特性。因此新中国的建筑当然也“应有自己的形式，这就是民族形式。民族的形式，新民主主义的内容”。

中国的新建筑必须是“科学的。……主张实事求是，主张客观真理，主张理论与实践一致的。”“……是从古代的旧文化发展而来”的。新中国的建筑师“必须尊重自己的历史，决不能割断历史。尊重历史的辩证法的发展，而不是颂古非今……不是要引导他们（人民群众）向后看，而是要引导他们向前看。”

这个新建筑“是大众的，因而即是民主的，它应为全民族中百分之九十以上的工农劳苦民众服务。……把提高和普及互相区别又互相联结起来……”

有了这样明确而英明的指示，建筑师们就应当认清方向，满怀信心，大踏步向前迈进。我们必须毫不犹疑地，无所留恋地扬弃那些资本主义的，割断历史的世界主义的各种流派建筑和各流派的反动理论；必须彻底批判“对世界文化遗产的虚无主义态度以及忽视民族艺术遗产的态度”（苏联建筑科学院院长莫尔德维诺夫语）。

不可否认的，目前首先亟待解决的是广大劳动人民工作和居住所大量需要的房屋的问题；目前所要达到的量是要超过于质的。但是我们相信，普及会与提高“互相联结起来”的。毛主席告诉我们：“随同经济建设高潮的到来，不可避免地将要出现一个文化建设的高潮。”

新中国的建筑师们正在为伟大的和平建设努力。我们目前正在为大规模的经济建设贡献出一切力量，但同时也必须准备迎接文化建设的高潮。新的设计必须努力提高水平。研究、理解、爱好过去的本国建筑的热情必须培养起来。在中央文化部的领导下，整理艺术遗产的工作已在每日加强。在中央教育部的领导下，在培养下一代的建筑师的教学方针上，已采用了苏联的先进教学计划，在创造中注重民族传统已是一个首要的重点。

全国人民有理由向建筑师们要求，也有理由相信，在很短的期间内，在全国的一切建筑设计中，新中国的建筑必然要获得巨大的成就，建筑师们的设计标准必然会显著地提高，因为我们会再度找到自己的传统的艺术特征，用最新的技术和材料，发展出光辉的、“为中国人民所喜爱”的、不愧为毛泽东时代的中国的新建筑。那就是新民主主义的，亦即我们“民族的、大众的”建筑。

北京——都市计划的无比杰作[①]

人民中国的首都北京，是一个极年老的旧城，却又是一个极年轻的新城。北京曾经是封建帝王威风的中心、军阀和反动势力的堡垒，今天它却是初落成的，照耀全世界的民主灯塔。它曾经是没落到只能引起无限“思古幽情”的旧京，也曾经是忍受侵略者铁蹄践踏的沦陷城，现在它却是生气蓬勃地在迎接社会主义曙光中的新首都。它有丰富的政治历史意义，更要发展无限文化上的光辉。

构成整个北京的表面现象的是它的许多不同的建筑物，那显著而美丽的历史文物，艺术的表现：如北京雄劲的周围城墙，城门上嶙峋高大的城楼，围绕紫禁城的黄瓦红墙，御河的栏杆石桥，宫城上窈窕的角楼，宫廷内宏丽的宫殿，或是园苑中妖媚的廊庑亭子榭，热闹的市心里牌楼店面，和那许多坛、庙、塔寺、第宅、民居。

它们是个别的建筑类型，也是个别的艺术杰作。每一类、每一座，都是过去劳动人民血汗创造的优美果实，给人以深刻的印象；今天这些都回到人民自己手里，我们对它们宝贵万分是理之当然。但是，最重要的还是这各种类型、各个或各组的建筑物的全部配合：它们与北京的全盘计划整个布局的关系；它们的位置和街道系统如何相辅相成；

---

① 本文由梁思成与林徽因分工合作完成，发表于1951年4月《新观察》第2卷第7、8期。

如何集中与分布；引直与对称；前后左右，高下起落，所组织起来的北京的全部部署的庄严秩序，怎样成为宏壮而又美丽的环境。

北京是在全盘的处理上才完整的表现出伟大的中华民族建筑的传统手法和在都市计划方面的智慧与气魄。这整个的体形环境增强了我们对于伟大的祖先的景仰，对于中华民族文化的骄傲，对于祖国的热爱。北京对我们证明了我们的民族在适应自然，控制自然，改变自然的实践中有着多么光辉的成就。这样一个城市是一个举世无匹的杰作。

我们承继了这份宝贵的遗产，的确要仔细的了解它——它的发展的历史，过去的任务，同今天的价值。不但对于北京个别的文物，我们要加深认识，且要对这个部署的体系提高理解，在将来的建设发展中，我们才能保护固有的精华，才不至于使北京受到不可补偿的损失。并且也只有深入的认识和热爱北京独立的和谐的整体格调，才能掌握它原有的精神来作更辉煌的发展，为今天和明天服务。北京城的特点是热爱北京的人们都大略知道的。我们就接着这些特点分述如下。

[我们的祖先选择了这个地址]

北京在位置上是一个杰出的选择。它在华北平原的最北头；处于两条约略平行的河流的中间，它的西面和北面是一弧线的山脉围抱着，东面南面则展开向着大平原。它为什么坐落在这个地点是有充足的地理条件的。选择达地址的本身就是我们祖先同自然斗争的生活所得到的智慧。

北京的高度约为海拔五十米，地学家所研究的资料告诉我们，在它的东南面比它低下的地区，四五千年前还都是低洼的湖沼地带。所以历史家可以推测，由中国古代的文化中心的“中原”向北发展，势必沿着太行山麓这条五十米等高线的地带走。因为这一条路要跨渡许多河流，每次便必须在每条河流的适当的渡口上来往。当我们的祖先到达永定河的右岸时，经验使他们找到那一带最好的渡口。这地点正是我们现在的卢沟桥所在。

渡过了这个渡口之后，正北有一支西山山脉向东伸出，挡住去路，往东走了十余公里这支山脉才消失到一片平原里，所以就在这里，西倚山麓，东向平原，一个农业的民族建立了一个最有利于发展的聚落，当然是适当而合理的。北京的位置就这样地产生了。并且也就在这里，他们有了更重要的发展。

同北面的游牧民族开始接触，是可以由这北京的位置开始，分三条主要道路通到北面的山岳高原和东北面的辽东平原的。那三个口子就是南口，古北口和山海关。北京可以说是向着这三条路出发的分岔点，这也成了今天北京城主要构成原因之一。北京是河北平原旱路北行的终点，又是通向“塞外”高原的起点。我们的祖先选择了这地方，不但建立一个聚落，并又发展成中国古代边区的重点，完全是适应地理条件的活动。

这地方经过世代的发展，在周朝为燕国的都邑，称作蓟；到了唐是幽州城，节度使的府衙所在。在五代和北宋是辽的南京，亦称作燕京；在南宋是金的中部。到了元朝，城的位置东移，建设一新，成为全国政治的中心，就成了今天北京的基础。最难得的是明清两代易朝换代的时候都未经太大的破坏就又在旧基础上修建展拓，随着条件发展。到了今天，城中每段街、每一个区域都有着丰富的历史和劳动人民血汗的成绩。有纪念价值的文物实在是太多了。

［北京城近千年来的四次改建］

一个城是不断地随着政治经济的变动而发展着改变着的，北京当然也非例外。但是在过去一千年中间，北京曾经有过四次大规模的发展，不单是动了土木工程，并且是移动了地址的大修建。对这些变动有个简单认识，对于北京城的布局形势便更觉得亲切。

现在北京最早的基础是唐朝的幽州城，它的中心在现在广安门外迤南一带。本为范阳节度使的驻地，安禄山和史思明向唐代政权进攻曾由此发动，所以当时是军事上重要的边城。后来刘仁恭父子割据称帝，把城中的“子城”改建成宫城的规模，有了宫殿。九三七年，北方民族的辽势力渐大，五代的石晋割了燕云等十六州给辽，辽人并不曾改动唐的幽州城，只加以修整，将它升为“南京”。这时的北京开始成为边疆上一个相当区域的政治中心了。

到了更北方的民族金人的侵入时，先灭辽，又攻败北宋，将来的势力压缩到江南地区，自己便承袭辽的“南京”，以它为首都。起初金也没有改建旧城，一一五一年才大规模的将辽城扩大，增建宫殿，意识地模仿北宋汴梁的形制，按图兴修。他把宋东京汴梁（开封）的宫殿苑团和其定（正定）的谭园木料拆卸北运，在此大大建设起来，称它作中部，这时的北京便成了半个中国的中心。

当然，许多辉煌的建筑仍然是中部的劳动人民和技术匠人，承继着北宋工艺的宝贵传统，又创造出来的。在金人达攻掳夺“中原”的时候，“匠户”也是他们掳劫的对象，所以汴梁的许多匠人曾被迫随着金军到了北京，为金的统治阶级服务。

金朝在北京曾不断的营建，规模宏大，最重要的还有当时的离宫，今天的中海北海。辽以后，金在旧城基础上扩充建设，便是北京第一次的大改建，但它的东面城墙还在现在的琉璃厂以西。

一二一五年元人破中都，中都的宫城同末的东京一样遭到剧烈破坏，只有郊外的离宫大略完好。一二六〇年以后，元世祖忽必烈数次到金故中部，都没有进城而驻驿在离宫琼华岛上的宫殿里。这地方便成了今天北京的胚胎，因为到了一二六七年元代开始建城的时候，就以这离宫为核心建迫了新首都。元大都的皇宫是围绕北海和中海而布置的，元代的北京城使围绕着这皇宫成一正方形。

这样，北京的位置由原来的地址向东北迁移了很多。这新城约西南角同旧城的东北角差不多接壤，这就是今天的宣武门迤西一带。虽然金城的北面在现在的宣武门内，当时元的新城最南一面却只到现在的东西长安街一线上，所以两城还隔着一个小距离。主要原因是当元建新城时，金的城墙还没有拆掉之故。

元代这次新建设是非同小可的，城的全部是一个完整的布局。在制度上有许多仍是承袭中部的传统，只是规模更大了。如言门楼观，宫墙角楼，护城河，御路，石桥，千步廊的制度，不但保留中部所有，且超过汴梁的规模。还有故意恢复一些古制的，如“左祖右社”的格式，以配合“前朝后市”的形势。

这一次新址发展的主要存在基础不仅是有天然湖沼的离宫和它优良的水源，还有极好的粮运的水道。什刹海曾是航运的终点，成了重要的市中心。当时的城是近乎正方形的，北面在今日北城墙外约二公里，当时的鼓楼便位置在全城的中心点上，在今什刹海北岸。因为船只可以在这一带停泊，钟鼓楼自然是那时热闹的商市中心。这虽是地理条件所形成，但一向许多人说到元代北京形制，总以这“前朝后市”为严格遵循古制的证据。

元时建的尚是土城，没有砖面，东，西，南，每面三门；惟有北面只有两门，街道引直，部署井然。当时分全市为五十坊，鼓励官吏人民从旧城迁来。这便是辽以后北京第二次的大改建。它的中心宫城基本上就是今天北京的故宫与北海中海。

一三六八年明太祖朱元璋灭了元朝，次年就“缩城北五里”，筑了今天所见的北面城墙。原因显然是本来人口就稀疏的北城地区，到了这时，因航运滞塞，不能达到什刹海，因而更萧条不堪，而商业则因金的旧城东壁原有的基础渐在元城的南面郊外繁荣起来。元的北城内地址自多旷废无用，所以索性缩短五里了。

明成祖朱棣迁都北京后，因衙署不足，又没有地址兴修，一四一九年便将南面城墙向南展拓，由长安街线上移到现在的位置。南北两墙改建的工程使整个北京城约略向南移动四分之一，这完全是经济和政治的直接影响。且为了元的故宫已故意被破坏过，重建时就又做了若干修改。最重要的是因不满城中南北中轴线为什刹海所切断，将宫城中线向东移了约一百五十公尺，正阳门、钟鼓楼也随着东移，以取得由正阳门到鼓楼钟楼中轴线的贯通，同时又以景山横亘在皇宫北面如一道屏风。这个变动使景山中峰上的亭子成了全城南北的中心，替代了元朝的鼓楼的地位。这五十年间陆续完成的三次大工程便是北京在辽以后的第三次改建。这时的北京城就是今天北京的内城了。

在明中叶以后，东北的军事威胁逐渐强大，所以要在城的四面再筑一圈外城。原拟在北面利用元旧城，所以就决定内外城的距离照着原来北面所缩的五里。这时正阳门外已非常繁荣，西边宣武门外是金中都末门内外的热闹区域，东边崇文门外这时受航运终点的影响，工商业也发展起来。所以工程由南面开始，先筑南城。开工之后，发现费用太大，尤其是城墙由明代起始改用砖，较过去土培所费更大，所以就改变计划，仅筑南城一面了。

外城东西仅比内城宽出六七百米，便折而向北，止于内城西南东南两角上，即今西便门，东便门之处。这是在唐幽州基础上辽以后北京第四次的大改建。北京今天的凸字形状的城墙就这样在一五五三年完成的。假使这外城按原计划完成，则东面城墙将在二闸，西面差不多到了公主坟，现在的东岳庙，大钟寺，五塔寺，西郊公园，天宁寺，白云观便都要在外城之内了。

清朝承继了明朝的北京，虽然个别的建筑单位许多经过了重建，对整个布局体系则未改动，——直到今天。民国以后，北京市内虽然有不少的局部改建，尤其是道路系统，为适合近代使用，有了很多变更，但对于北京的全部规模则尚保存原来秩序，没有大的损害。

由那四次的大改建，我们认识到一个事实，就是城墙的存在也并不能阻碍城区某部分一定的发展，也不能防止某部分的衰落。全城各部分是随着政治，军事，经济的需要而有所兴废。北京过去在体形的发展上，没有被它的城墙限制过它必要的展拓和所展拓的方向，就是一个明证。

[北京的水源——全城的生命线]

从元建大都以来，北京城就有了一个问题，不断的需要完满解决，到了今天同样问题也仍然存在。那就是北京城的水源问题。这问题的解决与否在有铁路和自来水以前的时代里更严重地影响着北京的经济和全市居民的健康。

在有铁路以前，北京与南方的粮运完全靠运河。由北京到通州之间的通惠河一段，顺着西高东低的地势，须靠由西北来的水源。这水源还须供给什刹海，三海和护城河，否则它们立即枯竭，反成孕育病疫的水洼。水源可以说是北京的生命线。

北京近郊的玉泉山的泉源虽然是"天下第一"，但水量到底有限；供给池沼和饮料虽足够，但供给航运则不足了。辽金时代航运水道曾利用高梁河水，元初则大规模的重新计划。起初曾经引永定河水东行，但因夏季山洪暴发，控制困难，不久即放弃。当时的河渠故道在现在西郊新区之北，至今仍可辨认。废弃这条水道之后的计划是另找泉源。于是便由昌平县神山泉引水南下，建造了一条的石渠，将水引到瓮山泊（昆明湖）再由一道石渠东引入城，先到什刹海，再流到通惠河。这两条石渠在西北部都有残迹，城中由什刹海到二闸的南北河道就是现在南北河沿和御河桥一带。

元时所引玉泉山的水是与由昌平宿下经同昆明湖入城的水分流的。

这条水名金水河，沿途严禁老百姓使用，专引入宫苑地沼，主要供皇室的饮水和栽花养鱼之用。金水河由宫中流到护城河，然后同昆明湖什刹海那一股水汇流入通惠河。元朝对水源计划之苦心，水道建设规模之大，后代都不能及。城内地下暗沟也是那时留下绝好的基础，经明增设，到现在还是最可贵的下水道系统。

明朝先都南京，昌平水渠破坏失修，竟然废掉不用。由昆明湖出来的水与由玉泉山出来的水也不两河分流，事实上水源完全靠玉泉山的水。因此水量顿减，航运当然不能入城。

到了清初建设时，曾作补救计划，将西山碧云寺、卧佛寺香山的泉水都加入利用，引到昆明湖。这段水渠又破坏失修后，北京水量一直感到干涩不足。解放之前若干年中，三海和护城河淤塞情形是愈来愈严重，人民健康曾大受影响。龙须沟的情况就是典型的例子。

一九五零年，北京市人民政府大力疏浚北京河道，包括三海和什刹海，同时疏通各种沟渠，并在西直门外增凿深井，增加水源。这样大大地改善了北京的环境卫生，是北京水源史中又一次新的纪录。现在我们还可以企待永定河上游水利工程，眼看着将来再努力沟通京津水道航运的事业。过去伟大的通惠运河仍可再用，是我们有利的发展基础。

[北京的城市格式——中轴线的特征]

如上文所曾讲到，北京城的凸字形平面是逐步发展而来。它在十六世纪中叶完成了现在的特殊形状。城内的全部布局则是由中国历代都市的传统制度，通过特殊的地理条件，和元明清三代政治经济实际情况而发展的具体形式。这个格式的形成，一方面是遵循或承袭过去的一般的制度，一方面又由于所荐崇的制度同自己的特殊条件相结合所产生出来的变化运用。

北京的体形大部是由于实际用途而来，又曾经过艺术的处理而达到高度成功的。所以北京的总平面是经得起分析的。过去虽然曾很好地为封建时代服务，今天它仍然能很好地为新民主主义时代的生活服务，并还可以再作社会主义时代的都城，毫不阻碍一切有利的发展。它的累积的创造成绩是永远可以使我们骄傲的。

大略地说，凸字形的北京，北半是内城，南半是外城，故宫为内城核心，也是全城的布局重心。全城就是围绕这中心而部署的。但贯通这全部部署的是一根直线。一根长达八公里，全世界最长，也最伟大的南北中轴线穿过了全城。北京独有的壮美秩序就由这条中轴的建立而产生。前后起伏左右对称的体形或空间的分配都是以道中轴为依据的。气魄之雄伟就在这个南北引伸，一贯到底的规模。

我们可以从外城最南的永定门说起，从这南端正门北行，在中轴线左右是天坛和先农坛两个约略对称的建筑群；经过长长一条市楼对列的大街，到达珠市口的十字街。之后，才面向着内城第一个重点——雄伟的正阳门楼。

在门前百余米的地方，拦路一座大牌楼，一座大石桥，为这第一个重点做了前卫。但这还只是一个序幕。过了此点，从正阳门楼到中华门，由中华门到天安门，一起一伏、一伏而又起，这中间千步廊（民国初年已拆除）御路的长度，和天安门面前的宽度，是最大胆的空间的处理，衬托着建筑重点的安排。这个当时曾经为封建帝王据为己有的禁地，今天是多么恰当地回到人民手里，成为人民自己的广场！

由天安门起，是一系列轻重不一的宫门和广庭，金色照耀的琉璃瓦顶，一层又一层的起伏峋峙，一直引导到太和殿顶，便到达中纹前半的极点，然后向北，重点逐渐退削，以神武门为尾声。再往北，又“奇峰突起”地立着景山做了宫城背后的衬托。景山中峰上的亭子正在南北的中心点上。由此向北是一波又一波的远距离重点的呼应。

由地安门，到鼓楼、钟楼，高大的建筑物都继续在中轴线上。但到了钟楼，中轴线便有计划地，也恰到好处地结束了。中线不再向北到达墙根，而将重点平稳地分配给左右分立的两个北面城楼——安定门和德胜门。有这样气魄的建筑总布局，以这样规模来处理空间，世界上就没有第二个！

在中线的东西两侧为北京主要街道的骨干；东西单牌楼和东西四牌楼是四个热闹商市的中心。在城的四周，在宫城的四角上，在内外城的四角和各城门上，立着十几个环卫的突出点：这些城门上的门楼，箭楼及角楼又增强了全城三度空间的抑扬顿挫和起伏高下。因北海和中海，什刹海的湖沼岛屿所产生的不规则布局，和因琼华岛塔和妙应寺白塔所产生的突出点，以及许坛庙园林的错落，也都增强了规则的布局和不规则的变化的对比。在有了飞机的时代，由空中俯瞰，或仅由各个城楼上或景山顶上遥望，都可以看到北京杰出成就的优异。这是一份伟大的遗产，它是我们人民最宝贵的财产，还有人不感到吗？

［北京的交通系统及街道系统］

北京是华北平原到蒙古高原、热河山地和东北的几条大路的分岔点，所以在历史上它一向是一个政治、军事重镇。北京在元朝成为大都以后，因为运河的开凿，以取得东南的粮食，才增加了另一条东面的南北交通线。一直到今天，北京与南方联系的两条主要铁路子线都沿着这两条历史的旧路修筑；而京包、京热两线也正筑在我们祖先的足迹上。这是地理条件所决定。因此，北京便很自然地成了华北北部最重要的铁路衔接站。

自从汽车运输发达以来，北京也成了一个公路网的中心。西苑南苑两个飞机场已使北京对外的空运有了站驿。这许多市外的交通网同市区的街道是息息相关互相衔接的，所以北京城是会每日增加它的现代效果和价值的。今天所存在的城内的街道系统，用现代都市计划的原则来分析，是一个极其合理，完全适合现代化使用的系统。这是一个令人惊讶的事实，是任何一个中世纪城市所没有的。我们不得不又一次敬佩我们祖先伟大的智慧。

这个系统的主要特征在大街与小巷，无论在位置上或大小上，都有明确的分别；大街大致分布成几层合乎现代所采用的“环道”；由“环道”明确的有四向伸出的“辐道”。结果主要的车辆自然会汇集在大街上流通，不致无故地去窜小胡同，胡同里的住宅得到了宁静，就是为此。

所谓几层的环道，最内环是紧绕宫城的东西长安街、南北池子、南北长街、景山前大街。第二环是王府井、府右街，南北两面仍是长安街和景山前大街。第三环以东西交民巷，东单东四，经过铁狮子胡同、后门、北海后门、太平仓、西四、西单而完成。这样还可更向南延长，经宣武门、菜市口、珠市口、磁器口而入崇文门。

近年来又逐步地开辟一个第四环，就是东城的南北小街、西城的南北沟沿、北面的北新桥大街，鼓楼东大街，以达新街口。但鼓楼与新街口之间固有什刹海的梗阻，要多少费点事。南面则尚未成环（也许可与东交民巷衔接）。

这几环中，虽然有多少尚待展宽或未完全打通的段落，但极易完成。这是现代都市计划学家近年来才发现的新原则。

欧美许多城市都在它们的弯曲杂乱或呆板单调的街道中努力计划开辟成环道，以适应控制大量汽车流通的迫切需要。我们的北京却可应用六百年前建立的规模，只需稍加展宽整理，便可成为最理想的街道系统。这的确是伟大的祖先留给我们的“余荫”。

有许多人不满北京的胡同，其实胡同的缺点不在其小，而在其泥泞和缺乏小型空场与树木。但它们都是安静的住宅区，有它的一定优良作用。在道路系统的分配上也是一种很优良的秩序。这些便是以后我们发展的良好基础，可以予以改进和提高的。

[北京城的土地使用——分区]

我们不敢说我们的祖先计划北京城的时候，曾经计划到它的土地使用或分区。但我们若加以分析，就可看出它大体上是分了区的，而且在位置上大致都适应当时生活的要求和社会条件。

内城除紫禁城为皇宫外，皇城之内的地区是内府官员的住宅区。皇城以外，东西交民巷一带是各衙署所在的行政区（其中东交民巷在《辛丑条约》之后被划为“使馆区”）。而这些住宅的住户，有很多就是各衙署的官员。北城是贵族区，和供应他们的商店区，这区内王府特别多。东西四牌楼是东西城的两个主要市场；由它们附近街巷名称，就可看出。如东四牌楼附近是猪市大街、小羊市、驴市（今改“礼士”）胡同等；西四牌楼则有马市大街、芋市大街、羊肉胡同、缸瓦市等。

至于外城，大体地说，正阳门大街以东是工业区和比较简陋的商业区，以西是最繁华的商业区。前门以东以商业命名的街道有鲜鱼、瓜子店、果子市等；工业的则有打磨厂、梯子胡同等等。以西主要的是珠宝市、钱市胡同、大栅栏等，是主要商店所聚集；但也有粮食店、煤市街。崇文门外则有巾帽胡同、木厂胡同、花市、草市、磁器口等等，都表示着这一带的土地使用性质。

宣武门外是京官住宅和各省府州县会馆区，会馆是各省入京应试的举人们的招待所，因此知识分子大量集中在这一带。应景而生的是他们的“文化街”，即供应读书人的琉璃厂的书铺集团，形成了一个“公共图书馆”；其中掺杂着许多古玩铺，又正是供给知识分子观摩的“公共文物馆”。其次要提到的就是文娱区；大多数的戏院都散布在前门外东西两侧的商业区中间。大众化的杂耍场集中在天桥。至于骚人雅士们则常到先农坛迤西洼地中的陶然亭吟风咏月，饮酒赋诗。

由上面的分析，我们可以看出，以往北京的土地使用，的确有分区的现象。但是除皇城及它边南的行政区是多少有计划的之外，其他各区都是在发展中自然集中而划分的。这种分区情形，到民国初年还存在。

到现在，除去北城的贵族已不贵了，东交民巷又由“使馆区”收复为行政区而仍然兼是一个有许多已建立邦交的使馆或尚未建立邦交的“使馆”所在区，和西交民巷成了银行集中的商务区而外，大致没有大改变。近二三十年来的改变，则在外城建立了几处工厂。

王府井大街因为东安市场之开辟，再加上供应东交民巷帝国主义外交官僚的消费，变成了繁盛的零售商店街，部分夺取了民国初年军阀时代前门外的繁荣。东西单牌楼之间则因长安街三座门之打通而繁荣起来，产生了沿街“洋式”店楼型制。全城的土地使用，比清末民初时期显然增加了杂乱错综的现象。幸而因为北京以往并不是一个工商业中心，体形环境方面尚未受到不可挽回的损害。

[北京城是一个具有计划性的整体]

北京是中国（可能是全世界）文物建筑最多的城。元、明、清历代的宫苑，坛庙，塔寺分布在全城，各有它的历史艺术意义，是不用说的。

要再指出的是：因为北京是一个先有计划然后建造的城（当然计划所实现的都曾经因各时代的需要屡次修正，而不断地发展的）。它所特具的优点主要就在它那具有计划性的城市的整体。那宏伟而庄严的布局，在处理空间和分配重点上创造出卓越的风修，同时也安排了合理而有秩序的街道系统，而不仅在它内部许多个别建筑物的丰富的历史意义与艺术的表现。所以我们首先必须认识到北京城部署骨干的卓越，北京建筑的整个体系是全世界保存得最完好，而且继续有传统的活力的、最特殊、最珍贵的艺术杰作。这是我们对北京城不可忽略的起码认识。

就大多数的文物建筑而论，也都不仅是单座的建筑物，而往往是若干座合组而成的整体，为极可宝贵的艺术创造，故宫就是最显著的一个例子。其他如坛庙、园苑、府第，无一不是整组的文物建筑，有它全体上的价值。

我们爱护文物建筑，不仅应该爱护个别的一殿，一堂，一楼，一塔，而且必须爱护它的周围整体和邻近的环境。我们不能坐视，也不能忍受一座或一组壮丽的建筑物遭受到各种各式直接或间接的破坏，使它们委曲在不调和的周围里，受到不应有的宰割。

过去因为帝国主义的侵略，和我们不同体系，不同格调的各型各式的所谓洋式楼房，所谓摩天高楼，模仿到家或不到家的欧美系统的建筑物，庞杂凌乱的大量渗到我们的许多城市中来，长久地劈头拦腰破坏了我们的建筑情调，渐渐地麻痹了我们对于环境的敏感，使我们习惯于不调和的体形或习惯于看着自己优美的建筑物被摒斥到委曲求全的夹缝中，而感到无可奈何。

我们今后在建设中，这种错误是应该予以纠正了。代替这种蔓延野生的恶劣建筑，必须是有计划有重点的发展，比如明年，在天安门的前面，广场的中央，将要出现一座庄严伟大的人民英雄纪念碑。几年以后，广场的外因将要建起整齐壮丽的建筑，将广场衬托起来。长安门（三座门）外将是绿荫平阔的林甫大道，一直通出城墙，使北京向东西城郊发展。那时的天安门广场将要更显得雄伟美丽了。

总之，今后我们的建设，必须强调同环境配合，发展新的来保护旧的，这样才能保存优良伟大的基础，使北京城永远保持着美丽、健康和年轻。

北京城内城外无数的文物建筑，尤其是故宫、太庙（现在的劳动人民文化宫）、社稷坛（中山公园）、天坛、先农坛、孔庙、国子监、颐和园等等，都普遍地受到人们的赞美。但是一件极重要而珍贵的文物，竟然没有得到应有的注意，乃至被人忽视，那就是伟大的北京城墙。它的产生，它的变动，它的平面形成凸字形的沿革，充满了历史意义，是一个历史现象辨证的发展的卓越标本，已经在上文叙述过了。至于它的朴实雄厚的壁垒，宏丽嶙峋的城门楼、箭楼、角楼，也正是北京体形环境中不可分离的艺术构成部分，我们还需要首先特别提到。苏联人民称斯摩林斯克的城墙为苏联的颈链，我们北京的城墙，加上那些美丽的城楼，更应称为一串光彩耀目的中华人民的璎珞了。

古史上有许多著名的台——古代封建主的某些殿宇是筑在高台上的，台和城墙有时不分——后来发展成为唐宋的阁与楼时，则是在城墙上含有纪念性的建筑物，大半可供人民登临。前者如春秋战国燕和赵的丛台，西汉的未央宫，汉末曹操和东晋石赵在邺城的先后两个铜雀台，后者如唐末以来由文字流传后世的滕王阁、黄鹤楼、岳阳楼等。宋代的宫前门楼宣德楼的作用也还略像一个特殊的前殿，不只是一个仅具形式的城楼。

北京峋峙着许多壮观的城楼角楼，站在上面俯瞰城郊，远览风景，可以使人娱心悦目，舒畅胸襟。但在过去封建时代里，因人民不得登临，事实上是等于放弃了它的一个可贵的作用。今后我们必须好好利用它为广大人民服务。现在前门箭楼早已恰当地作为文娱之用。

在北京市各界人民代表会议中，又有人建议用崇文门、宣武门两个城楼做陈列馆，以后不但各城楼部可以同样的利用，并且我们应该把城墙上面的全部面积整理出来，尽量使它发挥它所具有的特长。城墙上面面积宽敞，可以布置花池，栽种花草，安设公园椅，每隔若干距离的敌台上可建凉亭，供人游息。由城墙或城楼上俯视护城河，与郊外平原，远望西山远景或禁城宫殿，它将是世界上最特殊公园之一——一个全长达三九七五公里的立体环城公园！

[我们应该怎样保护这庞大的伟大的杰作]

人民中国的首都正在面临着经济建设，文化建设——市政建设高潮的前夕。解放两年以来，北京已在以递加的速率改变，以适合不断发展的需要。今后一二十年之内，无数的新建筑将要接踵的兴建起来，街道系统将加以改善，千百条的大街小巷将要改观，各种不同性质的区域将要划分出来。

北京城是必须现代化的；同时北京城原有的整体文物性特征和多数个别的文物建筑又是必须保存的。我们必须“古今兼顾，新旧两利”。我们对这许多错综复杂问题应如何处理是每一个热爱中国人民首都的人所关切的问题。

如同在许多其他的建设工作中一样，先进的苏联已为我们解答了这问题，立下了良好的榜样。在《苏联沦陷区解放后之重建》一书中，苏联的建筑史家 N·沃罗宁教授说："计划一个城市的建筑师必须顾到他所计划的地区生活的历史传统和建筑的传统。"在他的设计中，必须保留合理的、有历史价值的一切和在房屋类型和都市计划中，过去的经验所形成的特征的一切；同时这城市或村庄必须成为自然环境中的一部分。……新计划的城市的建筑样式必须避免呆板硬性的规格化，因为它将掠夺了城市的个性；他必须采用当地居民所珍贵的一切。

"人民在便利、经济和美感方面的需要，他们在习俗与文化方面的需要，是重建计划中所必须遵守的第一条规则。"

沃罗宁教授在他的书中列举了许多实例。其中一个被称为"俄罗斯的博物院"的诺夫哥罗德城，这个城的"历史性文物建筑比任何一个城都多"。"它的重建是建筑院院士舒舍夫负责的。他的计划作了依照古代都市计划制度重建的准备——当然加上现代化的改善。"……在最卓越的历史文物建筑周围的空地将布置成为花园，以便取得文物建筑的观景。若干组的文物建筑群将被保留为国宝；……关于这城……的新建筑样式。建筑师们很正确地拒绝了庸俗的"市侩式"建筑，而采取了被称为"地方性的拿破仑时代式"建筑，因为它是该城原有建筑中最典型的样式。""……建筑学者们指出：在计划重建新的诺夫哥罗德的设计中，要给予历史性文物建筑以有利的位置，使得在远处近处都可以看见它们的原则的正确性。"对于许多类似诺夫哥罗德的古俄罗斯城市之重建的这种研讨将要引导使问题得到最合理的解决，因为每一个意见都是对于以往的俄罗斯文物的热爱的表现。"

怎样建设"中国的博物院"的北京城，上面引录的原则是正确的。让我们向诺夫哥罗德看齐，向舒舍夫学习。

中山堂[①]

我们的首都是这样多方面的伟大和可爱，每次我们都可以从不同的事物来介绍和说明它，来了解和认识它。我们的首都是一个最富于文化建筑的名城；从文物建筑来介绍它，可以更深刻地感到它的伟大与罕贵。下面这个镜头就是我要在这里首先介绍的一个对象。

它是中山公园内的中山堂。你可能已在这里开过会，或因游览中山公园而认识了它；你也可能是没有来过首都而希望来的人，愿意对北京有个初步的了解。让我来介绍一下吧，这是一个愉快的任务。

这个殿堂的确不是一个寻常的建筑物；就是在这个满是文物建筑的北京城里，它也是极其罕贵的一个。因为它是这个古老的城中最老的一座木构大殿，它的年龄已有五百三十岁了。它是十五世纪二十年代的建筑，是明朝永乐由南京重回北京建都时所造的许多建筑物之一，也是明初工艺最旺盛的时代里，我们可尊敬的无名工匠们所创造的、保存到今天的一个实物。

这个殿堂过去不是帝王的宫殿，也不是佛寺的经堂；它是执行中国最原始宗教中祭祀仪节而设的坛庙中的“享殿”。中山公园过去是“社稷坛”，就是祭土地和五谷之神的地方。

---

① 发表于1952年《新观察》第1期。

凡是坛庙都用柏树林围绕，所以环境优美，成为现代公园的极好基础。社稷坛全部包括中央一广场，场内一方坛，场四面有短墙和棂星门；短墙之外，三面为神道，北面为享殿和寝殿；它们的外围又有红围墙和美丽的券洞门。正南有井亭，外围古柏参天。

中山堂的外表是个典型的大殿。白石镶嵌的台基和三道石阶，朱漆合抱的并列立柱，精致的门窗，青绿彩画的阑额，由于综错木材所组成的“斗拱”和檐椽等所造成的建筑装饰，加上黄琉璃巍然耸起，微曲的坡顶，都可说是典型的、但也正是完整而美好的结构。它比例的稳重，尺度的恰当，也恰如它的作用和它的环境所需要的。它的内部不用天花顶棚，而将梁架斗栱结构全部外露，即所谓“露明造”的格式。我们仰头望去，就可以看见每一块结构的构材处理得有如装饰画那样美丽，同时又组成了巧妙的图案。当然，传统的青绿彩绘也更使它灿烂而华贵。但是明初遗物的特征是木材的优良（每柱必是整料，且以楠木为主），和匠工砍削榫卯的准确，这些都不是在外表上显著之点，而是属于它内在的品质的。

中国劳动人民所创造的这样一座优美的、雄伟的建筑物，过去只供封建帝王愚民之用，现在回到了人民的手里，它的效能，充分地被人民使用了。一九四九年八月，北京市第一届人民代表会议，就是在这里召开的。两年多来，这里开过各种会议百余次。这大殿是多么恰当地用作各种工作会议和报告的大礼堂！而更巧的是同社稷坛遥遥相对的太庙，也已用作首都劳动人民的文化宫了。

北京市劳动人民文化宫[①]

北京市劳动人民文化宫是首都人民所熟悉的地方。它在天安门的左侧，同天安门右侧的中山公园正相对称。它所占的面积很大，南面和天安门在一条线上，北面背临着紫禁城前的护城河，西面由故宫前的东千步廊起，东面到故宫的东墙根止，东西宽度恰是紫禁城的一半。这里是四百零八年以前（明嘉靖二十三年，一五四四年）劳动人民所辛苦建造起来的一所规模宏大的庙宇。它主要是由三座大殿、三进庭院所组成；此外，环绕着它的四周的，是一片蓊郁古劲的柏树林。

这里过去称作“太庙”，只是沉寂地供着一些死人牌位和一年举行几次皇族的祭祖大典的地方。解放以后，一九五〇年国际劳动节，这里的大门上挂上了毛主席亲笔题的匾额——“北京市劳动人民文化宫”，它便活跃起来了。在这里面所进行的各种文化娱乐活动经常受到首都劳动人民的热烈欢迎，以至于这里林荫下的庭院和大殿里经常挤满了人，假日和举行各种展览会的时候，等待入门的行列有时一直排到天安门前。

在这里，各种文化娱乐活动是在一个特别美丽的环境中进行的。这个环境的特点有二：

---

① 发表于 1952 年《新观察》第 2 期。

一、它是故宫中工料特殊精美而在四百多年中又丝毫未被伤毁的一个完整的建筑组群。

二、它的平面布局是在祖国的建筑体系中，在处理空间的方法上最卓越的例子之一。不但是它的内部布局爽朗而紧凑，在虚实起伏之间，构成一个整体，并且它还是故宫体系总布局的一个组成部分，同天安门、端门和午门有一定的关系。如果我们从高处下瞰，就可以看出文化宫是以一个广庭为核心，四面建筑物环抱，北面是建筑的重点。它不单是一座单独的殿堂，而是前后三殿：中殿与后殿都各有它的两厢配殿和前院；前殿特别雄大，有两重屋檐，三层石基，左右两厢是很长的廊庑，像两臂伸出抱拢着前面广庭。南面的建筑很简单，就是入口的大门。在这全组建筑物之外，环绕着两重有琉璃瓦饰的红墙，两圈红墙之间，是一周苍翠的老柏树林。南面的树林是特别大的一片，造成浓荫，和北头建筑物的重点恰相呼应。它们所留出的主要空间就是那个可容万人以上的广庭，配合着两面的廊子。这样的一种空间处理，是非常适合于户外的集体活动的。这也是我们祖国建筑的优良传统之一。这种布局与中山公园中社稷坛部分完全不同，但在比重上又恰是对称的。如果说社稷坛是一个四条神道由中心向外展开的坛（仅在北面有两座不高的殿堂），文化宫则是一个由四面殿堂廊屋围拢来的庙。这两组建筑物以端门前庭为锁钥，和午门、天安门是有机地联系着的。在文化宫里如果我们由下往上看，不但可以看到北面重檐的正殿巍然而起，并且可以看到午门上的五凤楼一角正成了它的西北面背景，早晚云霞，金瓦翚飞，气魄的雄伟，给人极深刻的印象。

故宫三大殿①

北京城里的故宫中间，巍然崛起的三座大宫殿是整个故宫的重点，“紫禁城”内建筑的核心。以整个故宫来说，那样庄严宏伟的气魄；那样富于组织性，又富于图画美的体形风格；那样处理空间的艺术；那样的工程技术，外表轮廓，和平面布局之间的统一的整体，无可否认的，它是全世界建筑艺术的绝品，它是一组伟大的建筑杰作，它也是人类劳动创造史中放出异彩的奇迹之一。我们有充足的理由，为我们这“世界第一”而骄傲。

三大殿的前面有两段作为序幕的布局，是值得注意的。第一段，由天安门，经端门到午门，两旁长列的“千步廊”是个严肃的开端。第二段在午门与太和门之间的小广场，更是一个美丽的前奏。这里一道弧形的金水河，和河上五道白石桥，在黄瓦红墙的气氛中，北望太和门的雄劲，这个环境适当地给三殿做了心理准备。

太和、中和、保和三座殿是前后排列着同立在一个庞大而崇高的工字形白石殿基上面的。这种台基过去称“殿陛”，共高二丈，分三层，每层有刻石栏杆围绕，台上列铜鼎等。台前石阶三列，左右各一列，路上都有雕镂隐起的龙凤花纹。这样大尺度的一组建筑物，是用

---

① 发表于 1952 年《新观察》第 3 期。

更宏大尺度的庭院围绕起来的。广庭气魄之大是无法形容的。庭院四周有廊屋，太和与保和两殿的左右还有对称的楼阁，和翼门，四角有小角楼。这样的布局是我国特有的传统，常见于美丽的唐宋壁画中。

三殿中，太和殿最大，也是全国最大的一个木构大殿。横阔十一间，进深五间，外有廊柱一列，全个殿内外立着八十四根大柱。殿顶是重檐的“庑殿式”瓦顶，全部用黄色的琉璃瓦，光泽灿烂，同蓝色天空相辉映。底下彩画的横额和斗拱，朱漆柱，金琐窗，同白石阶基也作了强烈的对比。这个殿建于康熙三十六年（一六九七），已有三百五十五岁，而结构整严完好如初。内部渗金盘龙柱和上部梁枋藻井上的彩画虽稍剥落，但仍然华美动人。

中和殿在工字基台的中心，平面为正方形，宋元工字殿当中的“柱廊”竟蜕变而成了今天的亭子形的方殿。屋顶是单檐“攒尖顶”，上端用渗金圆顶为结束。此殿是清初顺治三年的原物，比太和殿又早五十余年。

保和殿立在工字形殿基的北端，东西阔九间，每间尺度又都小于太和殿，上面是“歇山式”殿顶，它是明万历的“建极殿”原物，未经破坏或重建的。至今上面童柱上还留有“建极殿”标识。它是三殿中年寿最老的，已有三百三十七年的历史。

三大殿中的两殿，一前一后，中间夹着略为低小的单位所造成的格局，是它美妙的特点。要用文字形容三殿是不可能的，而同时因环境之大，摄影镜头很难把握这三殿全部的雄姿。深刻的印象，必须亲自进到那动人的环境中，才能体会得到。

北海公园[1]

在二百多万人口的城市中，尤其是在布局谨严，街道引直，建筑物主要都左右对称的北京城市，会有像北海这样一处水阔天空，风景如画的环境，据在城市的心脏地带，实在令人料想不到，使人惊喜。初次走过横亘在北海和中海之间的金鳌玉桥的时候，望见隔水的景物，真像一幅画面，给人的印象尤为深刻。耸立在水心的琼华岛，山巅白塔，林间楼台，受晨光或夕阳的渲染，景象非凡特殊，湖岸石桥上的游人或水面小船，处处也都像在画中。池沼园林是近代城市的肺腑，借以调节气候，美化环境，休息精神；北海风景区对全市人民的健康所起的作用是无法衡量的。北海在艺术和历史方面的价值都是很突出的，但更可贵的还是在它今天回到了人民手里，成为人民的公园。

我们重视北海的历史，因为它也就是北京城历史重要的一段。它是今天的北京城的发源地。远在辽代（十一世纪初），琼华岛的地址就是一个著名的台，传说是“萧太后台”；到了金朝（十二世纪中），统治者在这里奢侈地为自己建造郊外离宫：凿大池，改台为岛，移北宋名石筑山，山巅建美丽的大殿。元忽必烈攻破中都，曾住在这里。元建都时，废中都旧城，选择了这离宫地址作为他的新城，大都皇宫

① 发表于 1952 年《新观察》第 4 期。

的核心，称北海和中海为太液池。元的三个宫分立在两岸，水中前有“瀛洲圆殿”，就是今天的团城，北面有桥通“万岁山”，就是今天的琼华岛。岛立太液池中，气势雄壮，山巅广寒殿居高临下，可以远望西山，俯瞰全城，是忽必烈的主要宫殿，也是全城最突出的重点。明毁元三宫，建造今天的故宫以后，北海和中海的地位便不同了，也不那样重要了。统治者把两海改为游宴的庭园，称作“内苑”。广寒殿废而不用，明万历时坍塌。清初开辟南海，增修许多庭园建筑，北海北岸和东岸都有个别幽静的单位。北海面貌最显著的改变是在一六五一年，琼华岛广寒殿旧址上，建造了今天所见的西藏式白塔。岛正南半山殿堂也改为佛寺，由石阶直升上去，遥对团城。这个景象到今天已保持整整三百年了。

北海布局的艺术手法是继承宫苑创造幻想仙境的传统，所以它以琼华岛仙山楼阁的姿态为主：上面是台殿亭馆；中间有岩洞石室；北面游廊环抱，廊外有白石栏楯，长达三百米；中间漪澜堂，上起轩楼为远帆楼，和北岸的五龙亭隔水遥望，互见缥缈，是本着想象的仙山景物而安排的。湖心本植莲花，其间有画舫来去。北岸佛寺之外，还作小西天，又受有佛教画的影响。其他如桥亭堤岸，多少是模拟山水画意。北海的布局是有着丰富的艺术传统的。它的曲折有趣、多变化的景物，也就是它最得游人喜爱的因素。同时更因为它的水面宏阔，林岸较深，尺度大，气魄大，最适合于现代青年假期中的一切活动：划船、滑水、登高远眺，北海都有最好的条件。

天坛[①]

天坛在北京外城正中线的东边，占地差不多四千亩，围绕着有两重红色围墙。墙内茂密参天的老柏树，远望是一片苍郁的绿荫。由这树林中高高耸出深蓝色伞形的琉璃瓦顶，它是三重檐子的圆形大殿的上部，尖端上闪耀着涂金宝顶。这是祖国一个特殊的建筑物，世界闻名的天坛祈年殿。由南方到北京来的火车，进入北京城后，车上的人都可以从车窗中见到这个景物。它是许多人对北京文物建筑最先的一个印象。

天坛是过去封建主每年祭天和祈祷丰年的地方，封建的愚民政策和迷信的产物；但它也是过去辛勤的劳动人民用血汗和智慧所创造出来的一种特殊美丽的建筑类型，今天有着无比的艺术和历史价值。

天坛的全部建筑分成简单的两组，安置在平舒开朗的环境中，外周用深深的树林围护着。南面一组主要是祭天的大坛，称作“圜丘”，和一座不大的圆殿，称“皇穹宇”。北面一组就是祈年殿和它的后殿——皇乾殿、东西配殿和前面的祈年门。这两组相距约六百米，有一条白石大道相联。两组之外，重要的附属建筑只有向东的“斋宫”一处。外面两周的围墙，在平面上南边一半是方的，北边一半是半圆

① 发表于1952年《新观察》第5期。

形的。这是根据古代“天圆地方”的说法而建筑的。

圜丘是祭天的大坛，平面正圆，全部白石砌成；分三层，高约一丈六尺；最上一层直径九丈，中层十五丈，底层二十一丈。每层有石栏杆绕着，三层栏板共合成三百六十块，象征“周天三百六十度”。各层四面都有九步台阶。这座坛全部尺寸和数目都用一、三、五、七、九的“天数”或它们的倍数，是最典型的封建迷信结合的要求。但在这种苛刻条件下，智慧的劳动人民却在造形方面创造出一个艺术杰作。这座洁白如雪、重叠三层的圆坛，周围环绕着玲珑像花边般的石刻栏杆，形体是这样的美丽，它永远是个可珍贵的建筑物，点缀在祖国的地面上。

圜丘北面棂星门外是皇穹宇。这座单檐的小圆殿的作用是存放神位木牌（祭天时“请”到圜丘上面受祭，祭完送回）。最特殊的是它外面周绕的围墙，平面作成圆形，只在南面开门。墙面是精美的磨砖对缝，所以靠墙内任何一点，向墙上低声细语，他人把耳朵靠近其他任何一点，都可以清晰听到。人们都喜欢在这里做这种“声学游戏”。

祈年殿是祈谷的地方，是个圆形大殿，三重蓝色琉璃瓦檐，最上一层上安金顶。殿的建筑用内外两周的柱，每周二十根，里面更立四根“龙井柱”。圆周十二间都安格扇门，没有墙壁，庄严中呈显玲珑。这殿立在三层圆坛上，坛的样式略似圜丘而稍大。

天坛部署的规模是明嘉靖年间制定的。现存建筑中，圜丘和皇穹宇是清乾隆八年（一七四三）所建。祈年殿在清光绪十五年雷火焚毁后，又在第二年（一八九〇）重建。祈年门和皇乾殿是明嘉靖二十四年（一五四五）原物。现在祈年门梁下的明代彩画是罕有的历史遗物。

颐和园[①]

在中国历史中，城市近郊风景特别好的地方，封建主和贵族豪门等总要独霸或强占，然后再加以人工的经营来做他们的“禁苑”或私园。这些著名的御苑、离宫、名园，都是和劳动人民的血汗和智慧分不开的。他们凿了池或筑了山，建造亭台楼阁，栽植了树木花草，布置了回廊曲径，桥梁水榭，在许许多多巧妙的经营与加工中，才把那些离宫或名园提到了高度艺术的境地。现在，这些可宝贵的祖国文化遗产，都已回到人民手里了。

北京西郊的颐和园，在著名的圆明园被帝国主义侵略军队毁了以后，是中国四千年封建历史里保存到今天的最后的一个大“御苑”。颐和园周围十三华里，园内有山有湖。倚山临湖的建筑单位大小数百，最有名的长廊，东西就长达一千几百尺，共计二百七十三间。

颐和园的湖、山基础，是经过金、元、明三朝所建设的。清朝规模最大的修建开始于乾隆十五年（一七五〇年），当时本名清漪园，山名万寿，湖名昆明。一八六〇年，清漪园和圆明园同遭英法联军毒辣的破坏。前山和西部大半被毁，只有山巅琉璃砖造的建筑和“铜亭”得免。

① 发表于 1952 年《新观察》第 6 期。

前山湖岸全部是光绪十四年（一八八八年）所重建。那时西太后那拉氏专政，为自己做寿，竟挪用了海军造船费来修建，改名颐和园。

颐和园规模宏大，布置错杂，我们可以分成后山、前山、东宫门、南湖和西堤等四大部分来了解它的。

第一部后山，是清漪园所遗留下的艺术面貌，精华在万寿山的北坡和坡下的苏州河。东自“赤城霞起”关口起，山势起伏，石路回转，一路在半山经“景福阁”到“智慧海”，再向西到“画中游”。一路沿山下河岸，处处苍松深郁或桃树错落，是初春清明前后游园最好的地方。山下小河（或称后湖）曲折，忽狭忽阔；沿岸模仿江南风景，故称“苏州街”，河也名“苏州河”。正中北宫门入园后，有大石桥跨苏州河上，向南上坡是“后大庙”旧址，今称“须弥灵境”。这些地方，今天虽已剥落荒凉，但环境幽静，仍是颐和园最可爱的一部。东边“谐趣园”是仿无锡惠山园的风格，当中荷花池，四周有水殿曲廊，极为别致。西面通到前湖的小苏州河，岸上东有“买卖街”（现已不存），俨如江南小镇。更西的长堤垂柳和六桥是仿杭州西湖六桥建设的。这些都是模仿江南山水的一个系统的造园手法。

第二部前山湖岸上的布局，主要是排云殿、长廊和石舫。排云殿在南北中轴线上。这一组由临湖一座牌坊起，上到排云殿，再上到佛香阁；倚山建筑，巍然耸起，是前山的重点。佛香阁是八角钻尖顶的多层建筑物，立在高台上，是全山最高的突出点。这一组建筑的左右还有“转轮藏”和“五芳阁”等宗教建筑物。附属于前山部分的还有米山上几处别馆如“景福阁”，“画中游”等。沿湖的长廊和中线成丁字形；西边长廊尽头处，湖岸转北到小苏州河，傍岸处就是著名的

“石舫”，名清宴舫。前山着重侈大、堂皇富丽，和清漪园时代重视江南山水的曲折大不相同；前山的安排，是“仙山蓬岛”的格式，略如北海琼华岛，建筑物倚山层层上去，成一中轴线，以高耸的建筑物为结束。湖岸有石栏和游廊。对面湖心有远岛，以桥相通，也如北海团城。只是岛和岸的距离甚大，通到岛上的十七孔和桥，不在中线，而由东堤伸出，成为远景。

第三部是东宫门入口后的三大组主要建筑物：一是向东的仁寿殿，它是理事的大殿；二是仁寿殿北边的德和园，内中有正殿、两廊和大戏台；三是乐寿堂；在德和园之西。这是那拉氏居住的地方。堂前向南临水有石台石阶，可以由此上下船。这些建筑拥挤繁复，像城内府第，堵塞了入口，向后山和湖岸的合理路线被建筑物阻挡割裂，今天游园的人，多不知有后山，进仁寿殿或德和园之后，更有迷惑在院落中的感觉，直到出了荣寿堂西门，到了长廊，才豁然开朗，见到前面湖山。这一部分的建筑物为全园布局上的最大弱点。

第四部是南湖洲岛和西堤。岛有五处，最大的是月波楼一组，或称龙王庙，有长桥通东堤。其他小岛非船不能达。西堤由北而南成一弧线，分数段，上有六座桥。这些都是湖中的点缀，为北岸的远景。

天宁寺塔

北京广安门外的天宁寺塔，是北京城内和郊外的寺塔中完整立着的一个最古的建筑纪念物。这个塔是属于一种特殊的类型：平面作八角形，砖筑实心，外表主要分成高座、单层塔身和上面的多层密檐三部分。座是重叠的两组须弥座，每组中间有一道“束腰”，用“间柱”分成格子，每格中刻一浅龛，中有浮雕，上面用一周砖刻斗拱和栏杆，故极富于装饰性。座以上只有一单层的塔身，托在仰翻的大莲瓣上，塔身四正面有拱门，四斜面有窗，还有浮雕力神像等。塔身以上是十三层密密重叠着的瓦檐。第一层檐以上，各檐中间不露塔身，只见斗拱；檐的宽度每层缩小，逐渐向上递减，使塔的轮廓成缓和的弧线。塔顶的“刹”是佛教的象征物，本有“覆钵”和很多层“相轮”，但天宁寺塔上只有宝顶，不是一个刹，而十三层密檐本身却有了相轮的效果。

这种类型的塔，轮廓甚美，全部稳重而挺拔。层层密檐的支出使檐上的光和檐下的阴影构成一明一暗；重叠而上，和素面塔身起反衬作用，是最引人注意的宜于远望的处理方法。中间塔身略细，约束在檐以下、座以上，特别显得窈窕。座的轮廓也因有伸出和缩紧的部分，更美妙有趣。塔座是塔底部的重点远望清晰伶俐；近望则见浮雕的花纹、走兽和人物，精致生动，又恰好收到最大的装饰效果。它是砖造建筑艺术中的极可宝贵的处理手法。

分析和比较祖国各时代各类型的塔，我们知道南北朝和隋的木塔的形状，但实物已不存。唐代遗物主要是砖塔，都是多层方塔，如西安的大雁塔和小雁塔。唐代虽有单层密檐塔，但平面为方形，且无须弥座和斗拱，如嵩山的永泰寺塔。中原山东等省以南，山西省以西，五代以后虽有八角塔，而非密檐，且无斗拱，如开封的“铁塔”。在江南，五代两宋虽有八角塔，却是多层塔身的，且塔身虽砖造，每层都用木造斗拱和木檩托檐，如苏州虎丘塔，罗汉院双塔等。检查天宁寺塔每一细节，我们今天可以确凿地断定它是辽代的实物，清代石碑中说它是“隋塔”是错误的。

这种单层密檐的八角塔只见于河北省和东北。最早有年月可考的都属于辽金时代（十一至十三世纪），如房山云居寺南塔北塔，正定青塔，通州塔，辽阳白塔寺塔等。但明清还有这形制的塔，如北京八里庄塔。从它们分布的地域和时代看来，这类型的塔显然是契丹民族（满族祖先的一支）的劳动人民和当时移居辽区的汉族匠工们所合力创造的伟绩，是他们对于祖国建筑传统的一个重大贡献。天宁寺塔经过这九百多年的考验，仍是一座完整而美丽的纪念性建筑，它是今天北京最珍贵的艺术遗产之一。

北京近郊的三座“金刚宝座塔”①

——西直门外五塔寺塔、德胜门外西黄寺塔和香山碧云寺塔

北京西直门外五塔寺的大塔，形式很特殊；它是建立在一个巨大的台子上面，由五座小塔所组成的。佛教术语称这种塔为"金刚宝座塔"。它是模仿印度佛陀伽蓝的大塔建造的。

金刚宝座塔的图样，是一四一三年（明永乐时代）西番班迪达来中国时带来的。永乐帝朱棣，封班迪达做大国师，建立大正觉寺——即五塔寺——给他住。到了一四七三年（明成化九年）便在寺中仿照了中印度式样，建造了这座金刚宝座塔。

清乾隆时代又仿照这个类型，建造了另外两座。一座就是现在德胜门外的西黄寺塔，另一座是香山碧云寺塔。这三座塔虽同属于一个格式，但每座各有很大变化，和中国其他的传统风格结合而成。他们具体地表现出祖国劳动人民灵活运用外来影响的能力，他们有大胆变化、不限制于模仿的创造精神。

在建筑上，这样主动地吸收外国影响和自己民族形式相结合的例子是极值得注意的。同时，介绍北京这三座塔并指出它们的显著的异

① 发表于 1952 年《新观察》第 5 期。

同，也可以增加游览者对它们的认识和兴趣。

五塔寺在西郊公园北面约二百米。它的大台高五丈，上面立五座密檐的方塔，正中一座高十三层，四角每座高十一层。中塔的正南，阶梯出口的地方有一座两层檐的亭子，上层瓦顶是圆的。

大台的最底层是个"须弥座"，座之上分五层，每层伸出小檐一周，下雕并列的佛龛，龛和龛之间刻菩萨立像。最上层是女儿墙，也就是大台的栏杆。这些上面都有雕刻，所谓"梵花、梵宝、梵字、梵像"。

大台的正门有门洞，门内有阶梯藏在台身里，盘旋上去，通到台上。

这塔全部用汉白玉建造，密密地布满雕刻。石里所含铁质经过五百年的氧化，呈现出淡淡的橙黄的颜色，非常温润而美丽。过于烦琐的雕饰本是印度建筑的弱点，中国匠人却创造了自己的适当的处理。他们智慧地结合了祖国的手法特征，努力控制了凹凸深浅的重点。每层利用小檐的伸出和佛龛的深入，做成阴影较强烈的部分，其余全是极浅的浮雕花纹。这样，便纠正了一片杂乱繁缛的感觉。

西黄寺塔，也称作班禅喇嘛净化城塔，建于一七七九年。这座塔的形式和大正觉寺塔一样，也是五座小塔立在一个大台上面。所不同的，在于这五座塔本身的形式。

它的中央一塔为西藏式的喇嘛塔（如北海的白塔），而它的四角小塔，却是细高的八角五层的“经幢”；并且在平面上，四小塔的座基突出于大台之外，南面还有一列石阶引至台上。

中央塔的各面刻有佛像、草花、和凤凰等，雕刻极为细致富丽，四个幢主要一层素面刻经，上面三层刻佛金与莲瓣。全组呈窈窕玲珑的印象。

碧云寺塔和以上两座又都不同。它的大台共有三层，底下两层是月台，各有台阶上去。最上层做法极像五塔寺塔，刻有数层佛龛，阶梯也藏在台身内。但它上面五座塔之外，南面左右还有两座小喇嘛塔，所以共有七座塔了。

这三处仿中印度式建筑的遗物，都在北京近郊风景区内。同式样的塔，国内只有昆明官渡镇有一座，比五塔寺塔更早了几年。

鼓楼、钟楼和什刹海

北京城在整体布局上，一切都以城中央一条南北中轴线为依据。这条中轴线以永定门为南端起点，经过正阳门、天安门、午门、前三殿、后三殿、神武门、景山、地安门一系列的建筑重点，最北就结束在鼓楼和钟楼那里。北京的钟楼和鼓楼不是东西相对，而是在南北线上，一前、一后的两座高耸的建筑物。北面城墙正中不开城门，所以这条长达八公里的南北中线的北端就终止在钟楼之前。这个伟大气魄的中轴直穿城心的布局是我们祖先杰出的创造。鼓楼面向着广阔的地安门大街，地安门是它南面的“对景”，钟楼峙立在它的北面，这样三座建筑便合成一组庄严的单位，适当地作为这条中轴线的结束。

鼓楼是一座很大的建筑物，第一层雄厚的砖台，开着三个发券的门洞。上面横列五间重檐的木构殿楼，整体轮廓强调了横亘的体形。钟楼在鼓楼后面不远，是座直立耸起、全部砖石造成的建筑物；下层高耸的台，每面只有一个发券门洞。台上钟亭也是每面一个发券的门。全部使人有浑雄坚实的矗立的印象。钟、鼓两楼在对比中，一横一直，形成了和谐美妙的组合。明朝初年智慧的建筑工人，和当时的“打图样”的师父们就这样朴实、大胆地创造了自己市心的立体标志，充满了中华民族特征的不平凡的风格。

钟、鼓楼西面俯瞰什刹海和后海。这两个“海”是和北京历史分不开的。它们和北海、中海、南海是一个系统的五个湖沼。十二世纪中建造“大都”的时候，北海和中海被划入宫苑（那时还没有南海），什刹海和后海留在市区内。当时有一条水道由什刹海经现在的北河沿、南河沿、六国饭店出城通到通州，衔接到运河。江南运到的粮食便在什刹海卸货，那里船帆桅杆十分热闹，它的重要性正相同于我们今天的前门车站。到了明朝，水源发生问题，水运只到东郊，什刹海才丧失了作为交通终点的身份。尤其难得的是它外面始终没有围墙把它同城区阻隔，正合乎近代最理想的市区公园的布局。

海的四周本有十座佛寺，因而得到“什刹”的名称。这十座寺早已荒废。满清末年，这里周围是茶楼、酒馆、和杂耍场子等。但湖水逐渐淤塞，虽然夏季里香荷一片，而水质污秽、蚊虫孳生已威胁到人民的健康。解放后人民自己的政府首先疏浚全城水道系统，将什刹海掏深，砌了石岸，使它成为一片清澈的活水，又将西侧小湖改为可容四千人的游泳池。两年来那里已成劳动人民夏天中最喜爱的地点。垂柳倒影，隔岸可遥望钟楼和鼓楼，它已真正地成为首都的风景区。并且这个风景区还正在不断地建设中。

在全市来说，由地安门到钟、鼓楼和什刹海是城北最好的风景区的基础。现在鼓楼上面已是人民的第一文化馆，小海已是游泳池，又紧接北海。这一个美好环境，由钟、鼓楼上远眺更为动人。不但如此，首都的风景区是以湖沼为重点的，水道的连结将成为必要。什刹海若予以发展，将来可能以金水河把它同颐和园的昆明湖结连起来。那样，人们将可以在假日里从什刹海坐着小船经由美丽的西郊，直达颐和园了。

雍和宫

北京城内东北角的雍和宫，是二百十几年来北京最大的一座喇嘛寺院。喇嘛教是蒙藏两族所崇奉的宗教，但这所寺院因为建筑的宏丽和佛像雕刻等的壮观，一向都非常著名，所以游览首都的人们，时常来到这里参观。这一组庄严的大建筑群，是过去中国建筑工人以自己传统的建筑结构技术来适应喇嘛教的需要所创造的一种宗教性的建筑类型，就如同中国工人曾以本国的传统方法和民族特征解决过回教的清真寺，或基督教的礼拜堂的需要一样。这寺院的全部是一种符合特殊实际要求的艺术创造，在首都的文物建筑中间，它是不容忽视的一组建筑遗产。

雍和宫曾经是胤祯（清雍正）做王子时的府第。在一七三四年改建为喇嘛寺。

雍和宫的大布局，紧凑而有秩序，全部由南北一条中轴线贯穿着。由最南头的石牌坊起到“琉璃花门”是一条“御道”，——也像一个小广场。两旁十几排向南并列的僧房就是喇嘛们的宿舍。由琉璃花门到雍和门是一个前院，这个前院有古槐的幽荫，南部左右两角立着钟楼和鼓楼，背部左右有两座八角的重檐亭子，更北的正中就是雍和门；雍和门规模很大，才经过修缮油饰。由此北进共有三个大庭院，五座主要大殿阁。第一院正中的主要大殿称作雍和宫，它的前面中线上有碑亭一座和一个雕刻精美的铜香炉，两边配殿围绕到它后面一殿的两旁，规模极为宏壮。

全寺最值得注意的建筑物是第二院中的法轮殿，其次便是它后面的万佛楼。它们的格式都是很特殊的。法轮殿主体是七间大殿，但它的前后又各出五间“抱厦”，使平面成十字形。殿的瓦顶上面突出五个小阁，一个在正脊中间，两个在前坡的左右，两个在后坡的左右。每个小阁的瓦脊中间又立着一座喇嘛塔。由于宗教上的要求，五塔寺金刚宝座塔的型式很巧妙地这样组织到纯粹中国式的殿堂上面，成了中国建筑中一个特殊例子。

万佛楼在法轮殿后面，是两层重檐的大阁。阁内部中间有一尊五丈多高的弥勒佛大像，穿过三层楼井，佛像头部在最上一层的屋顶底下。据说这个像的全部是由一整块檀香木雕成的。更特殊的是万佛楼的左右另有两座两层的阁，从这两阁的上层用斜廊——所谓飞桥——和大阁相联系。这是敦煌唐朝画中所常见的格式，今天还有这样一座存留着，是很难得的。

雍和宫最北部的绥成殿是七间，左右楼也各是七间，都是两层的楼阁，在我们的最近建设中，我们极需要参考本国传统的楼屋风格，从这一组两层建筑物中，是可以得到许多启示的。

故宫

北京的故宫现在是首都的故宫博物院。故宫建筑的本身就是这博物院中最重要的历史文物。它综合形体上的壮丽、工程上的完美和布局上的庄严秩序，成为世界上一组最优异、最辉煌的建筑纪念物。它是我们祖国多少年来劳动人民智慧和勤劳的结晶，它有无比的历史和艺术价值。全宫由“前朝”和“内廷”两大部分组成；四周有城墙围绕，墙下是一周护城河，城四角有角楼，四面各有一门：正南是午门，门楼壮丽称五凤楼；正北称神武门；东西两门称东华门、西华门，全组统称“紫禁城”。隔河遥望红墙、黄瓦、宫阙、角楼的任何一角都是宏伟秀丽，气象万千。

前朝正中的三大殿是宫中前部的重点，阶陛三层，结构崇伟，为建筑造形的杰作。东侧是文华殿，西侧是武英殿，这两组与太和门东西并列，左右衬托，构成三殿前部的格局。

内廷是封建皇帝和他的家族居住和办公的部分。因为是所谓皇帝起居的地方，所以借重了许多严格部署的格局和外表形式上的处理来强调这独夫的“至高无上”。因此内廷的布局仍是采用左右对称的格式，并且在部署上象征天上星宿等等。例如内廷中间乾清、坤宁两宫就是象征天地，中间过殿名交泰，就取“天地交泰”之义。乾清宫前面的东西两门名日精、月华，象征日月。后面御花园中最北一座大殿——钦安殿，内中还供奉着“玄天上帝”的牌位。故宫博物院称这部分作“中路”，它也就是前王殿中轴线的延续，也是全城中轴的一段。

“中路”两旁两条长夹道的东西，各列六个宫，每三个为一路，中间有南北夹道。这十二个宫象征十二星辰。它们后部每面有五个并列的院落，称东五所、西五所，也象征众星拱辰之义。十二宫是内宫眷属“妃嫔”“皇子”等的住所和中间的“后三殿”就是紫禁城后半部的核心。现在博物院称东西六宫等为“东殿”和“西殿”、按日轮流开放，西六宫曾经改建，储秀和翊坤两宫之间增建一殿，成了一组。长春和太极之间也添建一殿，成为一组，格局稍变。东六宫中的延禧，曾参酌西式改建“水晶宫”而未成。

三路之外的建筑是比较不规则的。主要的有两种：一种是在中轴两侧，东西两路的南头，十二宫的面的重要前宫殿。西边是养心殿一组，它正在“外朝”和“内廷”之间偏东的位置上，是封建主实际上日常起居的地方。中轴东边与它约略对称的是斋宫和奉先殿。这两组与乾清宫的关系就相等于文华、武英两殿与太和殿的关系。另一类是核心外围规模较十二宫更大的宫。这些宫是建筑给封建主的母后居住的。每组都有前殿、后寝、周围廊子、配殿、宫门等。西边有慈宁、寿康、寿安等宫。其中夹着一组佛教庙宇雨花阁，规模极大。总称为“外西路”。东边的“外东路”只有直串南北、范围巨大的宁寿宫一组。它本是玄烨（康熙）的母亲所居，后来弘历（乾隆）将政权交给儿子，自己退老住在这里，曾增建了许多繁缛巧丽的亭园建筑，所以称为“乾隆花园”。它是故宫后部核心以外最特殊也最奢侈的一个建筑组群，且是清代日趋烦琐的宫廷趣味的代表作。

故宫后部虽然“千门万户”，建筑密集，但它们仍是有秩序的布局。中轴之外，东西两侧的建筑物也是以几条南北轴线为依据的。各轴线组成的建筑群以外的街道形成了细长的南北夹道。主要的东一长街和西一长街的南头就是通到外朝的“左内门”和“右内门”，它们是内廷和前朝联系的主要交通线。

除去这些“宫”与“殿”之外，紫禁城内还有许多服务单位如上驷院、御膳房和各种库房及值班守卫之处。但威名煊赫的“南书房”和“军机处”等宰相大臣办公的地方，实际上只是乾清门旁边几间廊庑房舍。军机处还不如上驷院里一排马厩！封建帝王残酷地驱役劳动人民为他建造宫殿，养尊处优，享乐排场无所不至，而即使是对待他的军机大臣也仍如奴隶。这类事实可由故宫的建筑和布局反映出来。紫禁城全部建筑也就是最丰富的历史材料。

闲谈关于古代建筑的一点消息[①]

（附梁思成君通讯四则）

在这整个民族和他的文化，均在挣扎着他们垂危的运命的时候，凭你有多少关于古代艺术的消息，你只感到说不出口的难受！艺术是未曾脱离过一个活泼的民族而存在的；一个民族衰败湮灭，他们的艺术也就跟着消沉僵死。知道一个民族在过去的时代里，曾有过丰富的成绩，并不保证他们现在仍然在活跃繁荣的。

但是反过来说，如果我们到了连祖宗传留下的家产都没有能力清理，或保护；乃至于让家里的至宝毁坏散失，或竟拿到旧货摊上变卖；这现象却又恰恰证明我们这做子孙的没有出息，智力德行已经都到了不能再堕落的田地。睁着眼睛向旧有的文艺喝一声：“去你的，咱们维新了，革命了，用不着再留丝毫旧有的任何智识或技艺了。”这话不但不通，简直是近乎无赖！

话是不能说到太远，题目里已明显的提过有关古建筑的消息在这里，不幸我们的国家多故，天天都是迫切的危难临头，骤听到艺术方面的消息似乎觉到有点不识时宜，但是，相信我——上边已说了许

① 发表于 1933 年 10 月 7 日《大公报·文艺副刊》第 5 期。

多——这也是我们当然会关心的一点事，如果我们这民族还没有堕落到不认得祖传宝贝的田地。

这消息简单地说来，就是新近有几个死心眼的建筑师，放弃了他们盖洋房的好机会，卷了铺盖到各处测绘几百年前他们同行中的先进，用他们当时的一切聪明技艺，所盖惊人的伟大建筑物，在我投稿时候正在山西应县辽代的八角五层木塔前边。

山西应县的辽代木塔，说来容易，听来似乎也平淡无奇，值不得心多跳一下，眼睛睁大一分。但是西历一〇五六到现在，算起来是整整的八百七十七年。古代完全木构的建筑物高到二百八十五尺，在中国也就剩这一座独一无二的应县佛宫寺塔了。比这塔更早的木构专家已经看到，加以认识和研究的，在国内的只不过五处而已。

中国建筑的演变史在今日还是个谜，将来如果有一天，我们有相当的把握写部建筑史时，那部建筑史也就可以像一部最有趣味的侦探小说，其中主要的人物给侦探以相当方便和线索的，左不是那几座现存的最古遗物。现在唐代木构在国内还没找到一个，而宋代所刊营造法式又还有困难不能完全解释的地方，这距唐不久，离宋全盛时代还早的辽代，居然遗留给我们一些顶呱呱的木塔，高阁，佛殿，经藏，帮我们抓住前后许多重要的关键，这在几个研究建筑的死心眼人看来，已是了不起的事了。

我最初对于这应县木塔似乎并没有太多的热心，原因是思成自从知道了有这个塔起，对于这塔的关心，几乎超过他自己的日常生活。早晨洗脸的时候，他会说“上应县去不应该是太难吧”。吃饭的时候，他会说“山西都修有顶好的汽车路了”。走路的时候，他会忽然间笑着说，“如果我能够去测绘那应州塔，我想，我一定……”他话常常没有说完，也许因为太严重的事怕语言亵渎了，最难受的一点是他根本还没有看见过这塔的样子,连一张模糊的相片,或翻印都没有见到！

有一天早上，在我们少数信件之中，我发现有一个纸包，寄件人的住址却是山西应县 ×× 斋照相馆！——这才是侦探小说有趣的一页，——原来他想了这么一个方法写封信“探投山西应县最高等照相馆”，弄到一张应州木塔的相片。我只得笑着说阿弥陀佛，他所倾心的幸而不是电影明星！这照相馆的索价也很新鲜，他们要一点北平的信纸和信笺作酬金，据说因为应县没有南纸店。

时间过去了三年让我们来夸他一句“有志者事竟成”吧，这位思成先生居然在应县木塔前边——何止,竟是上边,下边,里边,外边——绕着测绘他素仰的木塔了。

［通讯一］

……大同工作已完，除了华严寺外都颇详尽，今天是到大同以来最疲倦的一天，然而也就是最近于首途应县的一天了，十分高兴。明晨七时由此搭公共汽车赴岱，由彼换轿车“起早”，到即电告。你走后我们大感工作不灵,大家都用愉快的意思回忆和你各处同作的畅顺,悔惜你走得太早。我也因为想到我们和应塔特殊的关系，悔不把你硬留下同去瞻仰。家里放下许久实在不放心，事情是绝对没有办法，可恨。应县工作约四五日可完，然后再赴 × 县……

［通讯二］

昨晨七时由同乘汽车出发，车还新，路也平坦，有时竟走到每小时五十里的速度，十时许到岱岳。岱岳是山阴县一个重镇，可是雇车费了两个钟头才找到，到应县时已八点。

离县二十里已见塔，由夕阳返照中见其闪烁，一直看到它成了剪影，那算是我对于这塔的拜见礼。在路上因车摆动太甚，稍稍觉晕，到后即愈。县长养有好马，回程当借匹骑走，可免受晕车苦罪。

今天正式地去拜见佛宫寺塔，绝对的Overwhelming，好到令人叫绝，喘不出一口气来半天！

塔共有五层，但是下层有副阶（注：重檐建筑之次要一层，宋式谓之副阶），上四层，每层有平坐，实算共十层。因梁架斗拱之不同，每层须量俯视，仰视，平面各一；共二十个平面图要画！塔平面是八角，每层须做一个正中线和一个斜中线的断面。斗拱不同者三四十种，工作是意外的繁多，意外的有趣，未来前的“五天”工作预算恐怕不够太多。

塔身之大，实在惊人，每面开三间，八面完全同样。我的第一个感触，便是可惜你不在此，同我享此眼福，不然我真不知你要几体投地的倾倒！回想在大同善化寺暮色里同向着塑像瞪目咋舌的情形，使我愉快得不愿忘记那一刹那人生稀有的由审美本能所触发的锐感。尤其是同几个兴趣同样的人在同一个时候浸在那锐感里边。士能忘情时那句“如果元明以后有此精品我的刘字倒挂起来了”，我时常还听得见。

这塔比起大同诸殿更加雄伟，单是那高度已可观，士能很高兴他竟听我们的劝说没有放弃这一处，同来看看，虽然他要不待测量先走了。

应县是一个小小的城，是一个产盐区，在地下掘下不深就有咸水，可以煮盐，所以是个没有树的地方，在塔上看全城，只数到十四棵不很高的树！

工作繁重，归期怕要延长很多，但一切吃住都还舒适，住处离塔亦不远，请你放心。……

［通讯三］

士能已回，我同莫君留此详细工作，离家已将一月却似更久。想北平正是秋高气爽的时候。非常想家！

相片已照完，十层平面全量了，并且非常精细，将来誊画正图时可以省事许多。明天起，量斗拱和断面，又该飞檐走壁了。我的腿已有过厄运，所以可以不怕。现在做熟了，希望一天可做两层，最后用仪器测各檐高度和塔刹，三四天或可竣工。

这塔真是个独一无二的伟大作品，不见此塔，不知木构的可能性，到了什么程度。我佩服极了，佩服建造这塔的时代，和那时代里不知名的大建筑师，不知名的匠人。

这塔的现状尚不坏，虽略有朽裂处。八百七十余年的风雨它不动声色的承受。并且它还领教过现代文明：民十六七年间冯玉祥攻山西时，这塔曾吃了不少的炮弹，痕迹依然存在，这实在叫我脸红。第二层有一根泥道拱竟为打去一节，第四层内部阑额内尚嵌着一弹，未经取出，而最下层西面两檐柱都有碗口大小的孔，正穿通柱身，可谓无独有偶。此外枪孔无数，幸而尚未打倒，也算是这塔的福气。现在应县人士有捐钱重修之义，将来回平后将不免为他们奔走。×县至今无音信，虽然前天已发电去询问，若两三天内回信来，与大同诸寺略同则不去，若有唐代特征如人字拱，鸱尾等等，则一步一磕头也是要去的……

［通讯四］

这两天工作颇顺利，塔第五层（即顶层）的横截面已做了一半，明天可以做完。断面做完之后，将有顶上之行，实测塔顶相轮之高；然后楼梯，栏杆，格扇的详样；然后用仪器测全高及方向；然后抄碑；然后检查损坏处，已备将来修理。我对这座伟大建筑物目前的任务，便暂时告一段落了。

今天工作将完时，忽然来了一阵“不测的风云”。在天晴日美的下午五时前后狂风暴雨，雷电交作。我们正在最上层梁架上，不由得不感到自身的危险，不单是在二百八十多尺高将近千年的木架上，而且紧在塔顶铁质相轮之下，电母风伯不见得会讲特别交情。我们急着爬下，则见实测记录册子已被吹开，有一页已飞到栏杆上了。若再迟半秒钟，则十天的功作有全部损失的危险，我们追回那一页后，急步下楼——约五分钟——到了楼下，却已有一线娇阳，由蓝天云隙里射出，风雨雷电已全签了停战协定了。我抬头看塔仍然存在，庆祝它又避过了一次雷打的危险，在急流成渠的街道上，回到住处去。

我在此每天除爬塔外，还到 ×× 斋看了托我买信笺的那位先生。他因生意萧条，现在只修理钟表而不照相了。……

这一段小小的新闻，抄用原来的通讯，似乎比较可以增加读者的兴趣，又可以保存朝拜这古塔的人的工作时的印象和经过，又可以省却写这段消息的人说出旁枝的话。虽然在通讯里没讨论到结构上的专门方面，但是在那一部侦探小说里也自成一章，至少那 ×× 斋照相馆的事例颇有始有终，思成和这塔的姻缘也可算圆满。

关于这塔，我只有一桩事要加附注。在佛宫寺的全部平面布置上，这塔恰恰在全寺的中心，前有山门，钟楼，鼓楼东西两侧配殿，后面有桥通平台，台上还有东西两配殿和大配。这是个极有趣的布置，至少我们疑心古代的伽蓝有许多是如此把高塔放在当中的。

云冈石窟中所表现的北魏建筑①

民国二十二年九月间，营造学社同人，趁着到大同测绘辽金遗建华严寺，善化寺等之便，决定附带到云冈去游览，考察数日。

云冈灵岩石窟寺，为中国早期佛教史迹壮观。因天然的形势，在绵亘峭立的岩壁上，凿造龛像建立寺宇，动伟大的工程，如《水经注》水条所述："……凿石开山，因岩结构，真容巨壮，世法所希，山堂水殿，烟寺相望……"又如《续高僧传》中所描写的"……面别镌像，穷诸巧丽，龛别异状，骇动人神……"则这灵岩石窟更是后魏艺术之精华——中国美术史上一个极重要时期中难得的大宗实物遗证。

但是或因两个极简单的原因，这云冈石窟的雕刻，除掉其在宗教意义上，频受人民香火，偶遭帝王巡幸礼拜外，十数世纪来直到近三十余年前，在这讲究金石考古学术的中国里，却并未有人注意及之。

我们所疑心的几个简单的原因，第一个浅而易见的，自是地处偏僻，交通不便。第二个原因，或是因为云冈石窟诸刻中，没有文字。窟外或崖壁上即使有，如《续高僧传》中所称之碑碣，却早已漫没不存痕迹，所以在这偏重碑拓文字的中国金石学界里，便引不起什么注意。第三个原因，是士大夫阶级好排斥异端，如朱彝尊的云冈石佛记，

① 发表于1933年《中国营造学社汇刊》第4卷第3、4期。

即其一例，宜其湮没千余年，不为通儒硕学所称道。

近人中，最早得见石窟，并且认识其在艺术史方面的价值，和地位；发表文章；记载其雕饰形状；考据其兴造年代的，当推日人伊东，和新会陈援庵先生，此后专家作有统系的调查和详细摄影的，有法人沙畹（Chavnnnes），日人关野贞，小野诸人，各人的论著均以这时期因佛教的传布，中国艺术固有的血脉中，忽然掺杂旺而有力的外来影响，为可重视。且西域所传入的影响，其根苗可远推至希腊古典的渊源，中间经过复杂的途径，迤逦波斯，蔓延印度，更推迁至西域诸族，又由南北两路健驮罗及西藏以达中国。这种不同文化的交流濡染，为历史上最有趣的现象，而云冈石刻便是这种现象，极明晰的实证之一种，自然也就是近代治史者所最珍视的材料了。

根据着云冈诸窟的雕饰花纹的母题（motif）及刻法，佛像的衣褶容貌及姿势，断定中国艺术约莫由这时期起，走入一个新的转变，是毫无问题的。以汉代遗刻中所表现的一切戆直古劲的人物车马花纹，与六朝以还的佛像传纹和浮雕的草叶，璎珞，飞仙等等相比较，则前后判然不同的倾向，一望而知。仅以刻法面论，前者单简冥顽，后者在质朴中，忽而柔和生动，更是相去悬殊。

但云冈雕刻中，“非中国”的表现甚多；或显明承袭希腊古典宗脉；或繁富的掺杂印度佛教艺术影响；其主要各派原素多是囫囵包并，不难历历辨认出来的。因此又与后魏迁洛以后所建伊阙石窟——即龙门——诸刻稍不相同。以地点论，洛阳伊阙已是中原文化白心所在；以时间论；魏帝迁洛时，距武州凿窟已经半世纪之久；此期中国本有艺术的风格，得到西域袭入的增益后，更是根深蒂固，一日千里，反将外来势力积渐融化，与本有的精神冶于一炉。

云冈雕刻既然上与汉刻迥异，下与龙门较，又有很大差别，其在中国艺术史中，固自成一特种时期。近来中百人士对于云冈石刻更感兴趣，专程到那里谒拜鉴赏的，便成为常事，摄影翻印，到处可以看到。同人等初意不过是来大同机会不易，顺便去灵岩开开眼界，瞻仰后魏艺术的重要表现；如果获得一些新的材料，则不妨图录笔记下来，做一种云冈研究补遗。以前从搜集建筑实物史料方面，我们早就注意到云冈，龙门，及天龙山等处石刻上“建筑的”（architectural）价值，所以造值之外，影片中所呈示的各种浮雕花纹及建筑部分（若门楣，栏杆，柱塔等等）均早已列入我们建筑实物史料的档库。

这次来到云冈，我们得以亲自抚摩这些珍罕的建筑实物遗证，同行诸人，不约而同地第一转念，便是做一种关于云冈石窟“建筑的”方面比较详尽的分类报告。

这“建筑的”方面有两种：一是洞本身的布置，构造及年代，与敦煌印度之差别等等，这个倒是比较简单的；一是洞中石刻上所表现的北魏建筑物及建筑部分，这后者却是个大大有意思的研究，也就是本篇所最注重处，亦所以命题者。然后我们当更讨论到云冈飞仙的雕刻，及石刻中所有的雕饰花纹的题材，式样等等，最后当在可能范围内，研究到窟前当时，历来，及现在的附属木构部分，以结束本篇。

[一　洞名]

云冈诸窟，自来调查者各以主观命名，所根据的，多倚赖于传闻，以讹传讹，极不一致。沙畹书中未将东部四洞列入，仅由东部算起；关野虽然将东部补入，却又遗漏中部西端三洞。致于伊东最早的调查，只限于中部诸洞，把东西二部全体遗漏，虽说时间短促，也未免遗漏太厉害了。

本文所以要先釐定各洞名称，俾下文说明，有所根据。兹依云冈地势分云冈为东、中、西三大部。每部自东向西，依次排号；小洞无关重要者从略。再将沙畹，关野，小野三人对于同一洞的编号及名称，分行列于底下，以作参考。

东部

沙畹命名 关野命名 （附中国名称） 小野调查之名称

第一洞No.1 （东塔洞） 石鼓洞

第二洞No.2 （西塔洞） 寒泉洞

第三四No.3 （隋大佛洞） 灵岩寺洞

第四洞No.4

中部

第一洞No.1 No.5（大佛洞）阿弥陀佛洞

第二洞No.2 No.6（大四面佛洞） 释迦佛洞

第三四No.3 No.7（西来第一佛洞） 准提阁菩萨洞

第四洞No.4 No.8（佛籁洞）佛籁洞

第五洞No.5 No.9（释迦洞）阿佛闪洞

第六洞No.6 No.10（持钵佛洞）		毗庐佛洞
第七洞No.7 No.11（四面佛洞）		接引佛洞
第八洞No.8 No.12（椅像洞）		离垢地菩萨洞
第九洞No.9 No.13（弥勒洞）		文殊菩萨洞

西部

第一洞No.16	No.16（立佛洞）	接引佛洞
第二洞No.17	No.17（弥勒三尊洞）	阿闪佛洞
第三洞No.18	No.18（立三佛洞）	阿闪佛洞
第四洞No.19	No.19（大佛三洞）	宝生佛洞
第五洞No.20	No.20（大露佛）	白佛耶洞
第六洞No.21	（塔洞）	千佛洞

本文仅就建筑与装饰花纹方面研究，凡无重要价值的小洞，如中部西端三洞与西部东端二洞，均不列入，故篇中名称，与沙畹、关野两人的号数不合。此外云冈对岸西小山上，有相传造像工人所凿，自为功德的鲁班窑二小洞；和云冈西七里姑子庙地方，被川水冲毁，仅余石壁残像的尼寺石祇洹舍，均无关重要，不在本文范围以内。

［二　洞的平面及其建造年代］

云冈诸窟中，只是西部第一到第五洞，平面作椭圆形，或杏仁形，与其他各洞不同。关野常盘合著的《支那佛教史迹》第二集评解，引魏书兴光元年，于五缎大寺为太祖以下五帝铸铜像之例，疑此五洞亦为纪念太祖以下五帝而设，并疑《魏书释老志》所言昙曜开窟五所，即此五洞，其时代在云冈诸洞中为最早。

考《魏书释老志》卷百十四原文："……兴光元年秋，敕有司于五缎大寺内，为太祖以下五帝，铸释迦立像五，各长一丈六尺。……太安初，有师子国胡沙门邪奢遗多浮陁难提等五人，奉佛像三到京都，皆云备历西域诸国，见佛影迹及肉髻，外国诸王相承，咸遣工匠摹写其容，莫能及难提所造者。去十余步视之炳然，转近转微。又沙勒胡沙门赴京致佛体，并画像迹。和平初，师贤卒，昙曜代之，更名沙门统。初，昙曜以复法之明年，自中山被命赴京，值帝出，见于路，……帝后奉以师礼。昙曜白帝，于京城西武州塞，凿山石壁，开窟五所，镌建佛像各一，高者七十尺，次六十足。雕饰奇伟，冠于一世……"

所谓"复法之明年"，自是兴安二年（公元四五三），魏文成帝即位的第二年，也就是太武帝崩后第二年。关于此书，有《续高僧传》昙曜传中一段记载，年月非常清楚："先是太武皇帝太平真君七年，司徒崔皓令帝崇重道士寇谦之，拜为天师，珍敬老氏。虔刘释种，焚毁寺塔。至庚寅年（太平宾君十一年），太武感疠疚，方始开悟。帝心既悔，咏夷崔氏。至壬辰年（太平真君十三年亦即，安兴元年）太武云崩，子文成立，即起塔寺，搜访经典。毁法七载，三宝还兴；曜慨前陵废，欣今重复……"由太平真君七年毁法，到兴安元年"起塔寺""访经典"的时候，正是前后七年，故有所谓"毁法七载，三宝还兴"的话；那么无疑的"复法之明年”，即是兴安二年了。

所可疑的只是：（一）到底昙曜是否在“复法之明年”见了文成帝便去开窟；还是到了“和平初，师贤丰”他像了沙门统之后，才“白帝于京城西……开窟五所”？这里前后就有八年的差别，因魏文成帝于兴安二年后改号兴光，一年后又改太安，太安共五年，才改号和平的。（二），《释老志》文中“后帝奉以师礼，曜白帝于京城西……”这里“后”字，亦颇蹊跷。到底这时候，距昙曜初见文成帝时候有多久？见文成帝之年因为兴安二年，他禀明要开窟之年（即使不待他做了沙门统），也可在此后两三年，三四年之中，帝奉以师礼之后！

总而言之，我们所知道的只是昙曜于兴安二年（公元四五三）入京见文成帝，到和平初年（公元四六〇）做了沙门统。至于武州塞五窟，到底是在这八年中的哪一年兴造的，则不能断定了。

《释老志》关于开窟事，和兴光元年铸像事的中间，又记载那一节大安初师子国（锡兰）胡沙门难提等奉像到京都事。并且有很恭维难提摹写佛容技术的话。这个令人颇疑心与石窟镌像，有相当瓜葛。即不武断地说，难提与石窟巨像，有直接关系，因难提造像之佳，“视之炯然……”而猜测他所摹写的一派佛容，必然大大地影响当时佛像的容貌，或是极合理的。云冈诸刻虽多健驼罗影响，而西部五洞巨像的容貌衣褶，却带极浓厚的今印度气味的。

至于《释老志》，“昙曜开窟五所”的窟，或即是云冈西部的五洞，此说由云冈石窟的平面方面看起来，我们觉得更可以置信。（一）因为它们的平面配置，自成一统系，又自左至右五洞，适相联贯。（二）此五洞皆有本尊像及胁持，面貌最富异国情调，与他洞佛像大异。（三）洞内壁面列无数小龛小佛，雕刻甚浅，没有释迦事迹图。塔与装饰花纹亦甚少，和中部诸洞不同。（四）洞的平面由不规则的形体，进为有规则之方形或长方形，乃工作自然之进展与要求。因这五洞平面的不规则，故断定其开凿年代必最早。

《支那佛教史迹》第二集评解中，又谓中部第一洞为孝文帝纪念其父献文帝所造，其时代仅次于西部五大洞。因为此洞平面前部，虽有长方形之外室，后部仍为不规则之形体，乃过渡时代最佳之例。这种说法，固甚动听，但文献上无佐证，实不能定谳。

中部第三洞，有太和十三年铭刻；第七洞窗东侧，有大和十九年铭刻，及洞内东壁曾由叶恭绰先生发现之太和七年铭刻。文中有“邑义信士女等五十四人……共相劝合为国兴福，敬造石庙形象九十五区及诸菩萨，愿以此福……”等等。其他中部各洞全无考。但就佛容及零星雕刻作风而论，中部偏东诸洞，仍富于异国情调。偏西诸洞，虽洞内因石质风化过甚，形象多经后世修葺，原有精神完全失掉，而洞外崖壁上的刻像，石质较坚硬，刀法伶俐可观，佛貌又每每微长，口角含笑，衣褶流畅精美，渐类龙门诸像。已是较晚期的作风无疑。和平初年到太和七年，已是二十三年，实在不能不算是一个相当的距离。且由第七洞更偏西去的诸洞，由形势论，当是更晚的增辟，年代当又在太和七年后若干年了。

西部五大洞之外，西边无数龛洞（多已在崖面成浅龛），以作风论，大体较后于中部偏东四洞，而又较古于中部偏西诸洞。但亦偶有例外，如西部第六洞的洞口东侧，有太和十九年铭刻，与其东侧小洞，有延昌年间的铭刻。

我们认为最稀奇的是东部未竣工的第三洞。此洞又名灵岩，传为昙曜的译经楼，规模之大，为云冈各洞之最。虽未竣工，但可看出内部佛像之后，原计划似预备凿通，俾可绕行佛后的，外部更在洞顶崖上，凿出独立约塔一对，塔后百壁上，又有小洞一排，为他洞所无。以事实论，频疑此洞因孝文帝南迁至洛阳，在龙门另营石窟，平城（即大同）日就衰落，故此洞工作，半途中辍。但确实尚需考证，以作风论，关野常盘谓第三洞佛像在北魏与唐之间，疑为隋炀帝纪念其父文帝所建。新海中川合著之《云冈石窟》竟直称为初唐遗物。这两说未免过于武断。事实上，隋唐皆都长安洛阳，决无于云冈造大窟之理，史上亦元此先例。且即根据作风来察这东部大洞的三尊巨像的时代，也颇有疑难之处。

我们前边所称，早期异国情调的佛像，面容为肥圆的；其衣纹细薄，贴附于像身（所谓湿褶纹者）；佛体呆板，僵硬，且权衡短促；与他像修长微笑的容貌，斜肩而长身，质实垂重的衣裾褶纹，相较起来，显然有大区别。现在这里的三像，事实上虽可信其为云冈最晚的工程，但相貌，衣褶，权衡，反与前者，所谓异国神情者，同出一辙，骤反后期风格。

不过在刀法方面观察起来，这三像的各样刻工，又与前面两派不同，独成一格。这点在背光和头饰的上面，尤其显著。

这三像的背光上火焰，极其回绕柔和之能事，与西部古劲挺强者大有差别；胁侍菩萨的头饰则繁富精致，花纹更柔圆近于唐代气味（论者定其为初唐遗物，或即为此）。佛容上，耳，鼻，手的外廓刻法，亦肥圆避免锐角，项颈上三纹堆叠，更类他处隋代雕像特征。

这样看来，这三像岂为早期所具规模，至后（迁洛前）才去雕饰的，一种特殊情况下遗留的作品？不然，岂太和以后某时期中云冈造像之风暂缺，至孝文帝迁都以前，镌建东部这大洞时，刻像纳手法乃大变，一反中部风格，倒去模仿西部五大洞巨像的神气？再不然，即是兴造此洞时，在佛像方面，有指定的印度佛像作模型镌刻。关于这点，文献上既苦无材料帮同消解这种种哑谜。东部未竣工的大洞兴造年代，与佛像雕刻时期，到底若何，怕仍成为疑问，不是从前论断者所见得的那么简单"洞未完竣而辍工"。近年偏西次洞又遭凿毁一角，东部这三洞，灾故又何多？

现在就平面及雕刻诸点论，我们可约略地说：西部五大洞建筑年代最早，中部偏东诸大洞次之，西部偏西诸洞又次之。中部偏西各洞及崖壁外大龛再次之。东部在雕刻细工上，则无疑约在最后。离云冈全部稍远，有最偏东的两塔洞，塔居洞中心，注重于建筑形式方面，瓦檐，斗栱及支柱，均扭清晰显明，佛像反模糊元甚特长，年代当与中部诸大洞前后相若；尤其是释迦事迹图，宛似中部第二洞中所有。就塔祠论，洞中央之塔柱雕大尊像者较早之。雕楼阁者次之。详下文解释。

[三　石窟的源流问题]

石窟的制作受佛教之启迪，毫无疑问，但印度Ajanta诸窟之平面，比较复杂，且纵穴甚深，内有支提塔，有柱廊，非我国所有。据

von Le Coq在新疆所调查者，其平面以一室为最普通，亦有二室者。室为方形，较印度之窟简单，但是诸窟的前面用走廊连贯，骤然看去，多数的独立的小窟团结一气，颇觉复杂，这种布置，似乎在中国窟与印度窟之间。

敦煌诸窟，伯希和书中没有平面图，不得知其详。就像片推测，有二室联结的。有塔拄，四面雕佛像的。室的平面，也是以方形和长方形居多。疑与新疆石窟是用于一个系统，只因没有走廊联络，故更为简单。

云冈中部诸洞，大半都是前后两间。室内以方形和长方形为最普通。当然受敦煌及西域的影响较多，受印度的影响较少。所不可解者，昙曜最初所造的西部五大窟，何以独作椭圆形，杏仁形，其后中部诸洞，始与敦煌等处一致？岂此五洞出自昙曜及其工师独创的意匠？抑或受了敦煌西域以外的影响？在全国石窟尚未经精密调查的今日，这个问题又只得悬起待考了。

［四　石刻中所表现的建筑形式］

（一）塔

云冈石窟所表现的塔分两种：一种是塔柱，另一种便是壁面上浮雕的塔。

甲　塔柱是个立体实质的石柱，四面接着供像，最初塔柱是模仿印度石窟中的支提塔，纯然为信仰之对象。这种塔柱文在中央，为的是僧众可以绕行柱的周围，礼赞供养。伯希和《敦煌图录》中认为北凉建造的第一百十一洞，就有塔柱，每面皆琢佛像。云冈东部第四洞，及中部第二洞，第七洞，也都是如此琢像在四面的，其受敦煌影响，当没有疑问。所宜注意之点，则是由支提塔变成四面雕像的塔柱，中间或尚有其过渡形式，未经认识，恐怕仍有待于专家的追求。

稍晚的塔柱，中间佛像缩小，柱全体成小楼阁式的塔，每面镂刻着檐柱，斗栱，当中刻门栱形（有时每面三间或五间），浮雕佛像，即坐在门栱里面。虽然因为连着洞顶，塔本身没有顶部，但底下各层，实可做当时木塔极好的模型。

与云冈石窟同时或更前的木构建筑，我们固未得见，但《魏书》中有许多建立多层浮图的记载，且《洛阳伽蓝记》出所描写的木塔，如熙平元年（公元五一六）胡太后所建之永宁寺九层浮图，距云冈开始造窟仅五十余年，木塔营建之术，则已臻极高程度，可见半世纪前，三五层木塔，必已甚普通。

至于木造楼阁的历史，根据史料，更无疑的已有相当年代，如《后汉书》陶谦传，说“笮融大起浮屠寺，上累金盘，下为重楼。”而汉刻中，重楼之外，陶质冥器今，且有极类塔形的三层小阁，每上一层面阔且递减。故我们可以相信云冈塔柱，或浮雕上的层塔，必定是本着当时的木塔而镌刻的，绝非臆造的形式。因此云冈石刻塔，也就可以说是当时木塔的石仿模型了。

属于这种的云冈独立塔拄，共有五处，平面皆方形（《伽蓝记》中木塔亦谓“有四面”）列表如下：

东部第一洞　二层　每层一间

东部第二洞　三层　每层三间

西部第六洞　五层　每层五间

中部第二洞　中间四大佛像　四角四塔柱　九层　每层三间

上列几例，以西部第六洞的塔柱为最大，保存最好。塔下原有台基。惜大部残毁不能辨认，上边五层重叠的阁，面阔与高度呈递减式，即上层面阔同高度，比下层每次减少，使外观安稳隽秀。这个是中国木塔重要特征之一，不意频频见于北魏石窟雕刻上，可见当时木塔主要形式已是如此，只是平面，似尚限于方形。

日本奈良法隆寺，藉高丽东渡僧人监造，建于隋炀帝大业三年（公元六〇七），间接传中国六朝建筑形制。虽较熙平元年永宁寺塔，晚几世纪，但因远在外境，形制上亦必守旧，不能如文化中区的迅速精进。法隆寺塔共五层，平面亦是方形；建筑方面已精美成熟，外表玲珑开展。推想在中国本土，先此百余年时，当已有相当可观的木塔建筑无疑。

至于建筑主要各部，在塔柱上亦皆镌刻完备，每层的阁所分各间，用八角拄区隔，中雕龛栱及像（龛有圆栱，五边栱两种间杂而用）柱上部放坐斗，载额枋，额枋上不见平板妨。斗栱仅柱上用一斗三升；补间用“人字栱”；檐椽只一层，断面作圆形，椽到阁的四隅作斜列状，有时檐角亦微微翘起。椽与上部的瓦陇间隔，则上下一致。最上层因须支撑洞的天顶，所以并无似浮雕上所刻的刹柱相轮等等。除此之外，所表现各部，都是北魏木塔难得的参考物。

又东部第一洞第二洞的塔柱，每层四隅皆有柱，现仅第二洞的尚存一部分。柱断面为方形，微去四角。旧时还有栏杆围绕，可惜全已毁坏。第一洞廊上的天花作方格式，还可以辨识。

中部第二洞的四小塔柱，位于刻大像的塔柱上层四隅。平面亦方形。阁共九层，向上递减至第六层。下六层四隅，有凌空支立的方柱。这四个塔柱因平面小，故檐下比较简单，无一斗三升的斗栱，人字栱及额枋。柱是直接支于檐下，上有大坐斗，如同多立克式柱头（Doric order），更有意思的就是檐下每龛门栱上，左右两旁有伸出两卷瓣的栱头，与奈良法隆寺金堂上“云肘木”（即云形栱）或玉虫厨子柱上的“受肘木”极其相似，惟底下为墙，且无柱故亦无坐斗。

这几个多层的北魏塔型，又有个共有的观象，值得注意的，便是底下一层檐部，直接托住上层的阁，中间没有平坐。此点即奈良法隆寺五层塔亦如是。阁前虽有勾阑，却非后来的平坐，因其并不伸出阁外，另用斗栱承托着。

乙　浮雕的塔，遍见各洞，种类亦最多。除上层无相轮，仅刻忍冬草纹的，疑为浮雕柱的一种外（伊东团其上有忍冬草），称此种作哥林特式柱（Corinthian order）其余列表如下：

一层塔——

①上方下圆，有相轮五重；

②方形。

三层塔——平面方形，每层间数不同。

①中部第七洞，第一层一间，第二层二间，第三层一间，塔下有方座，脊有合角鸱尾，刹上具象五重，及珠宝。

②中部第八第九洞，每层均一间。

③西部第六洞，第一层二间，第二、三层各一间，每层脊有合角鸱尾。

④西部第二洞，第一、二层各一间，第三层二间。

五层塔——平面方形

①东部第二洞，此塔有侧脚。

②中部第二洞有台基，各层面阔，高度，均向上递减。

③中部第七洞。

七层塔——平面方形。中部第七洞塔下有台座，无枭混及莲瓣。每层之角悬幡，刹上具相轮五层，及宝珠。

以上甲乙两种塔，虽表现方法稍不同，但所表示的建筑式样，除圆顶塔一种外，全是中国“楼阁式塔”建筑的实例。现在可以综合它们的特征，列成以下各条。

①平面全限于方形一种，多边形尚不见。

②塔的层数，只有东部第一洞有个偶数的，余全是奇数，与后代同。

③各层面阔和高度向上递减，亦与后代一致。

④塔下台基没有曲线枭混和莲瓣，颇像敦煌石窟的佛座疑当时还没有像宋代须弥座的繁褥雕饰。但是后代的枭混曲线，似乎由这种直线枭混演变出来的。

⑤塔的屋檐皆直檐（但浮雕中殿宇的前据，有数处已明显的上翘），无裹角法，故亦无仔角梁老角梁之结构。

⑥椽子仅一层，但已有斜列的翼角椽子。

⑦东部第二窟之五层塔浮雕，柱上端向内倾斜，大概是后世侧脚之开始。

⑧塔顶之形状：东部第二洞浮雕五层塔，下有方座。其露盘极像日本奈良法隆寺五重塔，其上忍冬草雕饰，如日本的受花，再上有覆钵，覆钵上刹柱饰，相轮五重顶，冠宝珠。可见法隆寺刹上诸物，俱传自我国，分别只在法隆寺塔刹的覆钵，在受花下，云冈的却居受花上。云冈刹上没有水烟，与日本的亦稍不同。相轮之外廓，上小下大（东部第二洞浮雕），中段稍向外膨出。东部第一洞与中部第二洞之浮雕塔，一塔三刹，关野谓为“三宝”之表征，其制为近世所没有。总之根本全个刹，即是一个窣堵波（stupa）。

⑨中国楼阁向上递减，顶上加一个窣堵波，便为中国式的木塔。所以塔虽是佛教象征意义最重的建筑物，传到中土，却中国化了，变成这中印合壁的规模，而在全个结构及外观上中国成分，实又占得多。如果《后汉书》陶谦传所记载的，不是虚伪，此种本塔，在东汉末期，恐怕已经布下种子？

（二）殿宇

壁上浮雕殿宇共有两种，一种是刻成殿宇正面模型；用每两柱间的空隙，镌刻较深佛龛而居像，另一种则是浅刻释迦事迹图中所表现的建筑物。这两种殿宇的规模，虽甚简单，但建筑部分，固颇清晰可观，和浮雕诸塔同样，有许多可供参考的价值，如同檐柱、额枋、斗栱、房基、栏杆、阶级等等。不过前一种既为佛龛的外饰，有时竟不是十分忠实的建筑模型；檐下瓦上，多增加非结构的花鸟，后者因在事迹图中，故只是单间的极简单的建筑物，所以两种均不足代表当时的宫室全部的规矩。它们所供给的有价值的实证，故仍在几个建筑部分上（详下文）。

（三）洞口柱廊

洞口因石质风化太甚，残破不堪，石刻建筑结构，多已不能辨认。但中部诸洞有前后两室者，前室多作柱廊，形式类希腊神庙前之茵安提斯（Inantis）柱廊之布置。廊作长方形，面阔约倍于进深，前面门口加两根独立大支柱，分全面阔为三间。这种布置，亦见于山西天龙山石窟，惟在比例上，天龙山的廊较为低小，形状极近于木构的支柱及阑额。云冈柱廊（最完整的见于中部第八洞），柱身则高大无伦。廊内开敞，刻几层主要佛龛。惜外面其余建筑部分，均风化不稍留痕迹，无法考其原状。

［五　石刻中所见建筑部分］

（一）柱

柱的平面虽说有八角形，方形两种，但方形的，亦皆微去四角，而八角形的，亦非正八角形，只是所去四角稍多，“斜边”几乎等于“正边”而已。

柱础见于中部第八洞的，也作八角形，颇像宋式所谓櫍。柱身下大上小，但未有entasis及卷杀。柱面常有浅刻的花纹，或满琢小佛龛。柱上皆有坐斗，斗下有皿板，与法隆寺同。

柱部分显然得外国影响的，散见各处：如一，中部第八洞入口的两侧有二大柱，柱下承以台座，略如希腊古典的pedestal疑是受犍陀罗的影响。二，中部第八洞柱廊内墙东南转角处，有一八角短柱立于勾栏上面；柱头略像方形小须弥座，柱中段绕以莲瓣雕饰，柱脚下又有忍冬草叶，由四角承托上来。这个柱的外形，极似印度式样，虽然柱头柱身及柱脚的雕饰，严格的全不本着印度花纹。三，各种希腊柱头中部第八洞有“爱奥尼亚”（Ionic order）式杖头极似Temple of Neandria柱头。散见于东部第一洞，中部三、四等洞的，有哥林特式柱头，但全极简单，不能与希腊正规的order相比；且云冈的柱头乃忍冬草大叶，远不如希腊acanthus叶的复杂。四，东部第四洞有人形杖，但板粗糙，且大部已毁。五，中部第二洞龛栱下，有小短柱支托，则又完全作波斯形式，且中部第八洞壁画上，亦有兽形栱与波斯兽形柱头相同。六，中部某部浮雕柱头，见于印度古石刻。

（二）阑额

闻额载于坐斗内，没有平板枋，额亦仅有一层。坐斗与阑额中间有细长替木，见中部第五，第八洞内壁上浮雕的正面殿宇。阑额之上又有坐斗，但较阑额下，柱头坐斗小很多，而与其所承托的斗栱上三个升子斗，大小略同。斗栱承柱头枋，枋则又直接承于椽子底下。

（三）斗栱

柱头铺作一斗三升放在柱头上之阑额上，栱身颇高，无栱瓣，与天龙山的例不同。升有皿板。补间，铺作有人字形栱，有皿板，人字之斜边作直线，或尚存古法。

中部第八洞壁面佛竟上的殿宇正面，其柱头铺作的斗栱，外形略似一斗三升，而实际乃刻两兽背面屈膝状，如波斯柱头。

（四）屋顶

一切屋顶全表现四柱式，无歇山，硬山，挑山等。屋角或上翘，或不翘，无子角梁老角梁之表现。

椽子皆一层，间隔较瓦轮稍密，瓦皆筒瓦。屋脊的装饰，正脊两端用鸥尾，中央及角脊用凤凰形装饰，尚保留汉石刻中所示的式样，正脊偶以三角形之火焰与凤凰，间杂用之，其数不一，非如近代，仅于正脊中央放置宝瓶。如中部第五、第六、第八等洞。

（五）门与栱

门皆方首。中部第五洞门上有斗栱檐椽，似模仿木造门罩的结构。

栱门多见于壁龛。计可分两种：圆栱及五边栱。图栱的内周（introdus）多刻作龙形，两龙头在栱开始处。外周（extrodus）作宝珠形。栱面多雕趺坐的佛像。这种趺见于敦煌石窟，及印度古石刻，其印度的来源，若为明显。所谓五达栱者，即方门抹去上两角；这种栱也许是中国固有。我国古代未有发券方法以前，有圭门圭窦之称；依字义解释，圭者尖首之谓，室如形，进一步在上面加一边而成，也是演绎程序中可能的事。在敦煌无这种栱龛，但壁画中所画中国式城门，却是这种形式，至少可以证明云冈的五边栱，不是从西域传来的。后世宋代之城门，元之居庸关，都是用这种栱。云冈的五边栱，栱面都分为若干方格，格内多雕飞天；栱下或垂幔帐，或悬璎珞，做佛像的边框。间有少数佛龛，不用栱门，而用垂幛的。

（六）栏杆及踏步

踏步只见于中都第二洞佛迹图内殿宇之前。大都一组置于阶基正中，未见两组三组之列。阶基上的栏杆，刻作直棂，到踏步处并沿踏步两侧斜下。踏步栏杆下端，没有抱鼓石，与南京栖霞山舍利塔雕刻符合。

中部第五洞有万字栏杆，与日本法隆寺勾栏一致。这种栏杆是六朝唐宋间最普通的做法，图画见于敦煌壁画中；在蓟县独乐寺，应县佛宫寺塔上则都有实物留存至今。

（七）藻井

石窟顶部，多刻作藻井，这无疑的也是按照当时木构在石上模仿的。藻井多用“支条”分格，但也有不分格的。藻井装饰的母题，以飞仙及莲花为主，或单用一种，或两者掺杂并用。尤也有用在藻井上的，但不多见。藻井之分划，依室约形状，颇不一律，较之后世齐整的方格，趣味丰富得多。斗八之制，亦见于此。窟顶都是平的，敦煌与天龙之形天顶，不见于云冈，是值得注意的。

［六　石刻的飞仙］

洞内外壁面与藻井及佛后背光上，多刻有飞仙，作盘翔飞舞的姿势，窈窕活泼，手中或承日月宝珠，或持乐器，有如基督教艺术中的安琪儿。飞仙的式样虽然甚多，大约可分两种，一种是着印度湿折的衣裳而露脚的；一种是着短裳曳长裙而不露脚，裙末在脚下缠绕后，复张开飘扬的。两者相较，前者多肥笨而不自然，后者轻灵飘逸，极能表出乘风羽化的韵致，尤其是那开展的裙裾及肩臂上所披的飘带，生动有力，迎风飞舞，给人以回翔浮荡的印象。

从要考研飞仙的来源方面末观察它们，则我们不能不先以汉代石到中与飞仙相似的神话人物，和印度佛教艺术中的飞仙，两相较比着看。结果极明显的，看出云冈的露脚，肥笨作跳跃状的飞仙，是本着印度的飞仙模仿出来的无疑，完全与印度飞仙同一趣味。而那后者，长裙飘逸的，有一些并着两腿，望一边曳着腰身，裙末翘起，颇拟人鱼，与汉刻中鱼尾托云的神话人物，则又显然同一根源。后者这种屈一膝作猛进姿势的，加以更飘散的裙裾，多脱去人鱼形状，更进一步，成为最生动灵敏的飞仙，我们疑心它们在云冈飞仙雕刻程序中，必为最后最成熟的作品。

天龙山石窟飞仙中之佳而者，则是本着云冈这种长裙飞舞的，但更增富其衣褶，如腰部的散褶及裤带。肩上飘带，在天龙山的，亦更加曲折回绕，而飞翔姿势，亦愈柔和浪漫。每个飞仙加上衣带彩云，在布置上，常有成一圆形图案者。

曳长裙而不露脚的飞仙，在印度西域佛教艺术中俱无其例，殆亦可注意之点。且此种飞仙的服装，与唐代陶俑美人甚似，疑是直接写真当代女人服装。飞仙两臂的伸屈，颇多姿态；手中所持乐器亦颇多种类，计所见有如下条件：

鼓状，以带系于项上，腰鼓、笛、丝、琵琶筝（类外国harp但无钹）。其他则常有持日、月、宝珠及散花者。

总之飞仙的容貌仪态亦如佛像，有带浓重的异国色彩者，有后期表现中国神情美感者。前者身躯肥胖，权衡短促，服装简单，上身几全袒露，下裳则作印度式短裙，缠结于两腿间，粗陋丑俗。后者体态修长，风致娴雅，短衣长裙，衣褶简而有韵，肩带长而回绕，飘忽自如，的确能达到超尘的理想。

［七　云冈石刻中装饰花纹及色彩］

云冈石刻中的装饰花纹种类奇多，而十之八九，为外国传入的母题及表现。其中所示种种饰纹，全为希腊的来源，经波斯及犍陀罗而输入者，尤其是回折的卷草，根本为西方花样之主干，而不见于中国周汉各饰纹中。但自此以后，竟成为中国花样之最普通者，虽经若干变化，其主要左右分技回旋的原则，仍始终固定不改。

希腊所谓acanthus叶，本来朗复杂，云冈所见则比较简单：日人称为忍冬草，以后中国所有卷草，西番草，西番莲者，则全本源于回折的acanthus花纹。

“连环纹”的原则是每一环自成一组，与它组交结处，中间空隙，再填入小花样；初望之颇似汉时中国固有的绳纹，但绳纹的原则，与此大不相同，因绳纹多为两根盘结不断；以绳纹复杂交结的本身，作图案母题，不多藉力于其他花样。而此种以三叶花为主的连环纹，则多见于波斯希腊雕饰。

佛教艺术中所最常见的莲瓣，最初无疑根源于希腊本草叶，而又演变而成为莲瓣者。但云冈石刻中所呈示的水草叶，则仍为希腊的本来面目，当是由犍陀罗直接输入的装饰。同时佛座上所见的莲瓣，则当是从中印度随佛教所来，重要的宗教饰纹，其来历却又起源于希腊水草叶者。中国佛教艺术积渐发达，莲瓣因为带着象征意义，亦更兴盛，种种变化及应用，叠出不穷，而水草叶则几绝无仅有，不再出现了。

其他饰纹如璎珞（heads），花绳（garlands），及束苇（reeds）等，均为由犍陀罗传入的希腊装饰无疑。但尖齿形之幕沿装饰，则绝非希暗式样，而与波斯锯齿饰或有关系。真正万字纹未见于云冈石刻中，偶有万字勾栏，其回纹与希腊万字，却绝不相同。水波纹亦偶见，当为中国固有影响。

以兽形为母题之雕饰，共有龙、凤、金翅鸟（Garuda）、螭首、正面饕餮、狮子，这些除金翅鸟为中印度传入，狮子带着波斯色彩外，其余皆可说是中国本有的式样，而在刻法上略受西域影响的。

汉石刻砖纹及铜器上所表观的中国固有雕纹，种类不多，最主要的如雷纹，斜线纹，斜方格，斜方万字纹，直线或曲线的水波纹、绳纹、锯齿、乳箭头叶、半圆弧纹等，此外则多倚赖以鸟兽人物为母题的装饰，如青龙，白虎，饕餮，凤凰，朱雀及枝柯交纽的树，成例的人物车马，及打猎时奔窜的犬鹿兔豕等等。

对汉代或更早的遗物有相当认识者，见到云冈石刻的雕饰，实不能不惊诧北魏时期由外传入崭新花样的数量及势力！盖在花纹方面，西域所传入的式样，实可谓喧宾夺主，从此成为十数世纪以来，中国雕饰的主要渊源。继后唐末及后代一切装饰花纹，均无疑义的，无例外的，由此展进演化而成。色彩方面最难讨论，因石窟中所施彩画，全是经过后世的重修，伧俗得很。外壁悬崖小洞，因其残缺，大概停止修葺较早，所以现时所留色彩痕迹，当是较古的遗制，但恐怕绝不会是北魏原来面目。佛像多用朱，背光绿地；凸起花纹用红或青或绿。像身有无数小穴，或为后代施色时用以钉布布箔以涂丹青的。

[八　窟前的附属建筑]

论到石窟寺附属殿宇部分，我们得先承认，无论今日的石窟寺木构部分析给与我们的印象为若何；其布置及结构的规模为若何，欲因此而推断一千四百余年前初建时的规制，及历后逐渐增辟建造的程序，是个不可能的事。不过距开窟仅四五十年的文献，如《水经注》里边的记载，应当算是我们考据的最可靠材料，不得不失依其文句，细释而检讨点事实，来作参考。

《水经注》漯水条里。虽无什么详细的描写，但原文简约清晰、亦非夸大之词。“凿石开山，因岩结构。其容巨壮，世法所希。山堂水殿，烟寺相望。林渊锦镜，缀目新眺。”关于云冈巨构，仅这四句简单的描述而已。这四句是个真实情形的简说。至今除却河流干涸，沙床已见外，这描写仍与事实相符，可见其中第三句“山堂水殿，烟寺相望”当也是即景说事。不过这句意义，亦可作两种解说。一个是：山和堂，水和殿，烟和寺，各各对望着，照此解释，则无疑的有“堂”“殿”和“寺”的建筑存在，且所给的印象，是这些建筑物与自然相照对峙。必有相当壮丽，在云冈全景中，占据重要的位置的。

第二种解说，则是疑心上段“山堂水殿”句，为含着诗意的比喻，称颂自然形势的描写。简单说便是：据山为堂（已是事实），因水为殿的比喻式，描写“山而堂，水而殿”的意思，因为就形势看山崖临水，前面地方颇近迫，如果重视自然方面，则此说倒也逼切写真，但如此则建筑部分已是全景毫末，仅剩烟寺相望的“寺”，而这寺到底有多少是木造工程，则又不可得而知了。

《水经注》里这几段文字所以给我们附属木构殿宇的印象，明显的当然是在第三句上，但严格说，第一句里的“因岩结构”，却亦负有用当责任的。观现今清制的木构，殿阁，尤其是由侧面看去，实令人感到“因岩结构”描写得恰当真切之至。这“结构”两字，实有不止限于山岩方面，而有注重干木造的意义蕴在里面。

现在在云冈的石佛寺木建殿宇，只限于中部第一、第二、第三大洞前面，山门及关帝庙右第二洞中线上。第一洞、第三洞、遂成全寺东西偏院的两阁，而各有其两厢配殿。因岩之天然形势，东西两阁的结构、高度、布置均不司。第二洞洞前正极高阁共四层，内中留井，周围如廊，沿梯上达于项层，可平视佛颜。第一洞同之。第三洞则仅三层（洞中佛像亦较小许多），每层有楼廊通第二洞。但因二洞、三洞南北位置之不相同，使楼廊微作曲折，颇增加趣味。此外则第一洞西，有洞门通崖后，洞上有小廊阁。第二洞后崖上，有斗尖亭阁，在全寺的最高处。这些木建殿阁厢庑，依附岩前，左右关连，前后引申，成为一组；绿瓦巍峨，点缀于断崖林木间，遥望颇壮丽，但此寺已是云冈石崖一带现在惟一的木构部分，且完全为清代结构，不见前朝痕迹。近来即此清制楼阁，亦已开始残破，盖断崖前风雨侵凌，固剧于平原各地，木建损毁当亦较速。

关于清以前各时期中云冈木建部分到底若何，在雍正《朔平府志》中记载左云县云冈堡石佛寺古迹一段中，有若干可注意的之点。《府志》里讲：“……规划甚宏，寺原十所：一曰同升，二曰灵光，三曰镇国，四曰扩国，五曰祟福，六日童子，七曰能仁，八日华严，九曰天宫，十曰兜率。其中有元载所造石佛二十龛；石窑千孔，佛像万尊。由隋唐历来元，楼阁层凌，树木蓊郁，俨然为一方胜概。……”这里的“寺原十所”的寺，因为明言数目，当然不是指洞而讲。“石佛二十龛”亦与现存诸洞数目相符。惟“元载所造”的“元”，令人颇不解。雍正《通志》同样句，却又稍稍不同，而日“内有元时石佛二十竞”。这两处恐皆为“元魏时”所误。这十寺既不是以洞为单位计算的，则疑是以其他木构殿宇为单位而命名者。且“楼阁层凌，树木荧郁”，当时木构不止现今所余三座，亦恰如当日树木蓊郁，与今之秃树枯干，荒凉景象，相形之下，不能同日而语了。

所谓“由隋唐历来元”之说，当然只是极普通的述其历代相沿下来的意思。以地理论，大同朔平不属于宋，而是辽金地盘；但在时间上固无分别。且在雍正修《府志》时，辽金建筑本可仍然存在的。大同一城之内，辽金木建，至今尚存七八座之多。佛教盛时，如云冈这样重要的宗教中心，亦必有多少建设。所以唐志中所写的“楼阁层凌”，或许还是辽金前后的遗建，至少我们由这府志里，只知道“其山最高处曰云冈，冈上建飞阁三重”，阁前有世祖章皇帝（顺治）御书“西来第一山”五字及“康熙三十五年西征回銮幸寺赐”匾额，而未知其他建造工程。而现今所存之殿阁，则又为乾嘉以后的建筑。在实物方面，可作参考的材料的，有如下各点：一，龙门石窟崖前。并无木建庙宇。二，天龙山有一部分有清代木建，另有一部则有石刻门洞；楣、额、支柱，极为整齐。三，敦煌石窟前面多有木廊，见于伯希和《敦煌图录》中。前年关于第一百三十洞前廊的年代问题有伯希和先生与思成通信讨论，登载本刊三卷四期，证明其建造年代为宋太平兴国五年的实物。第一百二十窟的年代是宋开宝九年，较第一百三十洞又早四年。四，云冈西部诸大洞，石质部分已天然剥削过半，地下沙石填高至佛膝或佛腰，洞前布置，石刻或木建，盖早已湮没不可考。五，云冈中部第五至第九洞，尚留石刻门洞及支柱的遗痕，约略可辨当时整齐的布置。这几洞岂是与天龙山石刻门洞同一方法，不藉力于木造的规制的。六，云冈东部第三洞及中部第四洞崖面石上，均见排列的若干栓眼，即凿刻的小方孔，殆为安置木建上的椽子的位置。察其均整排列及每层距离，当推断其为与木构有关系的证据之一。七，因云冈悬崖的形势，崖上高原与崖下河流的关系，原上的雨水沿崖而下，佛龛壁面不免频频被水冲毁。崖石崩坏堆积崖下，日久填高，底下原积的残碑断片，反倒受上面沙积的保护，或许有若干仍完整的安眠在地下，甘心作埋没英雄，这理至显，不料我们竟意外地得到一点对于这信心的实证。在我们游览云冈时，正遇中部石佛寺旁边，兴建云冈别墅之盛举，大动土木之后，建筑地上，放着初出土的一对石质柱础式样奇古，刻法质朴，绝非近代物。不过孤证准成立，云冈岩前建筑问题，惟有等候于将来有程序的和学发掘了。

[九　结论]

总观以上各项的观察所及，云冈石刻上所表现的建筑、佛像、飞仙及装饰花纹，给我们以下的结论；

云冈石窟所表现的建筑式样，大部为中国固有的方式，并未受外来多少影响，不但如此，且使外来物同化于中国，塔即其例。印度窣堵波方式，本大异于中国本来所有的建筑，及来到中国，当时仅在楼阁顶上，占一象征及装饰的部分，成为塔刹。至于希腊古典柱头如gonid order等虽然偶见，其实只成装装饰上偶然变化的点缀，并无影响可说。惟有印度的圆栱（外周作宝珠形的），还比较的重要，但亦只是建筑部分的形式而已。如中部第八洞门廊大柱底下的高pedestal，本亦是西欧古典建筑的特征之一，既已传入中土，本可发达传布，影响及于中国柱础。孰知事实并不如是，隋唐以及后代柱础，均保守石质覆盆等扁圆形式，虽然偶有稍高的筒形，亦未见多用于后世。后来中国的种种基座，则恐全是由台基及须弥座演化出来的，与此种Pedestal并无多少关系。

在结构原则上，云冈石刻中的中国建筑，确是明显表示其应用构架原则的。构架上主要部分，如支柱、阑额、斗栱、椽瓦、檐脊等，一一均应用如后代；其形式且均为后代同样部分的初型无疑。所以可以证明，在结构根本原则及形式上，中国建筑二千年来保持其独立性，不曾被外来影响所动摇。所谓受印度希腊影响者，实仅限于装饰雕刻两方面的。

佛像雕刻，本不是本篇注意所在，故亦不曾详细作比较研究而讨论之。但可就其最浅见的趣味派别及刀法，略为提到。佛像的容貌衣褶，在云冈一区中，有三种最明显的派别。

第一种是带着浓重的中印度色彩的，比较呆板僵定，刻法呈示在模仿方面的努力。佳者虽勇毅有劲，但缺乏任何韵趣，弱者则颇多伧丑。引人兴趣者，单是其古远的年代，面不是美术的本身。第二种佛容修长，衣褶质实而流畅。弱者质朴庄严；佳者含笑超尘，美有余韵，气魄纯厚，精神栩栩，感人以超人的定，超神的动；艺术之最高成绩，荟萃于一痕一纹之间，任何刀削雕琢，平畅流丽，全不带烟火气。这种创造，纯为汉族本其固有美感趣味，在宗教艺术方面的发展。其精神与汉刻密切关联，与中印度佛像，反疏隔不同旨趣。飞仙雕刻亦如佛像，有上面所述两大派别；一为模仿，以印度像为模型；一为创造，综合模仿所得经验，与汉族固有趣味及审美倾向，作新的尝试。

这两种时期距离并不甚远，可见汉族艺术家并未奴隶于模仿，而印度犍陀罗刻像雕纹的影响，只作了汉族艺术家发挥天才的引火线。云冈佛像还有一种，只是东部第三洞三巨像一例。这种佛像雕刻艺术，在精神方面乃大大退步，在技艺方面则加增谙熟繁巧，讲求柔和的曲线、圆滑的表面。这倾向是时代的，还是主刻者个人的，却难断定了。

装饰花纹在云冈所见，中外杂陈，但是外来者，数量超过原有者甚多。观察后代中国所熟见的装饰花纹，则此种外来的影响势力范围极广。殷周秦汉金石上的花纹，始终不能与之抗衡。

云冈石窟乃西域印度佛教艺术大规模侵入中国的实证。但观其结果，在建筑上并未动摇中国基本结构。在雕刻上只强烈地触动了中国雕刻艺术的新创造——其精神、气魄、格调，根本保持着中国固有的。而最后却在装饰花纹上，输给中国以大量的新题材，新变化，新刻法，散布流传直至今日，的确是个值得注意的现象。

《清式营造则例》绪论①

[一]

中国建筑为东方独立系统，数千年来，继承演变，流布极广大的区域。虽然在思想及生活上，中国曾多次受外来异族的影响，发生多少变异，而中国建筑直至成熟繁衍的后代，竟仍然保存着它固有的结构方法及布置规模；始终没有失掉它原始面目，形成一个极特殊，极长寿，极体面的建筑系统。故这统系建筑的特征，足以加以注意的，显然不单是其特殊的形式，而是产生这特殊形式的基本结构方法，和这结构法在这数千年中单纯顺序的演进。

所谓原始面目，即是我国所有建筑，由民舍以至宫殿，均由若干单个独立的建筑物集合而成；而这单个建筑物，由最古代简陋的胎形，到最近代穷奢极巧的殿宇，均始终保留着三个基本要素：台基部分，柱梁或木造部分，及屋顶部分。在外形上，三者之中，最庄严美丽，迥然殊异于他系建筑，为中国建筑博得最大荣誉的，自是屋顶部分。但在技艺上，经过最艰巨的努力，最繁复的演变，登峰造极，在

① 《清式营造则例》：此书为我国古代建筑技术的重要工具书，由林徽因和梁思成共同撰写。该书第一章“绪论”由林徽因执笔撰写。此书于 1934 年由中国营造学社出版。

科学美学两层条件下最成功的，却是支承那屋顶的柱梁部分，也就是那全部木造的骨架。这全部木造的结构法，也便是研究中国建筑的关键所在。

中国木造结构方法，最主要的就在构架（structural frame）之应用。北方有句通行的谚语，“墙倒房不塌”，正是这结构原则的一种表征。其用法则在构屋程序中，先用木材构成架子作为骨干，然后加上墙壁，如皮肉之附在骨上，负重部分全赖木架；毫不借重墙壁；所有门窗装修部分绝不受限制，可尽量充满木架下空隙，墙壁部分则可无限制的减少。这种结构法与欧洲古典派建筑的结构法，在演变的程序上，互异其倾向。中国木构正统一贯享了三千多年的寿命，仍还健在。希腊古代木构建筑则在纪元前十几世纪，已被石取代，由构架变成垒石，支重部分完全倚赖“荷重墙”（bearing wall），墙既荷重，墙上开辟门窗处，因能减损荷重力量，遂受极大限制；门窗与墙在同建筑中乃成冲突原素。在欧洲各派建筑中，除去最现代始盛行的钢架法，及铁筋水泥构架法外，惟有高矗式（Gothic）建筑，曾经用过构架原理；但高矗式仍是垒石发券（arch）作为构架，规模与单纯木架甚是不同。高矗式中又有所谓“半木构法”（half-timber）则与中国构架极相类似。惟因有垒石制影响之同时存在，此种半木构法之应用，始终未能如中国构架之彻底纯净。

屋顶的特殊轮廓为中国建筑外形上显著的特征，屋檐支出的深远则又为其特点之一。为求这檐部的支出，用多层曲木承托，便在中国构架中发生了一个重要的斗拱部分；这斗拱本身的进展，且代表了中国各时代建筑演变的大部分历程。斗拱不惟是中国建筑独有的一个部分，而且在后来还成为中国建筑独有的一种制度。就我们所知，至迟自宋始，斗拱就有了一定的大小权衡；以斗拱之一部为全部建筑物权衡的基本单位，如宋式之“材”“契”与清式之“斗口”。这制度与欧洲文艺复兴以后以希腊罗马旧物作则所制定的order，以柱径之倍数或分数定建筑物各部一定的权衡（proportion），极相类似。所以这用斗拱的构架，实是中国建筑真髓所在。

斗拱后来虽然变成构架中极复杂之一部，原始却甚简单，它的历史竟可以说与华夏文化同长。秦汉以前，在实物上，我们现在还没有发现有把握的材料，供我们研究，但在文献里，关于描写构架及斗拱的词句，则多不胜载：如臧文仲之“山节藻棁”，鲁灵光殿“层栌磥垝以岌峨，曲枅要绍而环句……”等。但单靠文人的辞句，没有实物的印证，由现代研究工作的眼光看去极感到不完满。没有实物我们是永没有法子真正认识，或证实，如“山节”“层栌”“曲枅”这些部分之为何物，但猜疑它们为木构上斗拱部分，则大概不会太谬误的。现在我们只能希望在最近的将来考古学家实地挖掘工作里能有所发现，可以帮助我们更确实的了解。

实物真正之有“建筑的”价值者，现在只能上达东汉。墓壁的浮雕画像中往往有建筑的图形；山东四川河南多处的墓阙，虽非真正的宫室，但是用石料模仿木造的实物。早代木造建筑，因限于木料之不永久性，不能完整的存在到今日，所以供给我们研究的古代实物，多半是用石料明显的模仿木造建筑物。且此例不单限于中国古代建筑。在这两种不同的石刻之中，构架上许多重要的基本部分，如柱，梁，额，屋顶，瓦饰等等，多已表现；斗拱更是显著，与二千年后的，在制度，权衡，大小上，虽有不同，但其基本的观念和形体，却是始终一贯的。

在云冈，龙门，天龙山诸石窟，我们得见六朝遗物。其中天龙山石窟，尤为完善，石窟口凿成整个门廊；柱，额，斗拱，椽檐，瓦，样样齐全。这是当时木造建筑忠实的石型，由此我们可以看到当时斗拱之形制，和结构雄大，简单疏朗的特征。

唐代给后人留下的实物最多是砖塔，垒砖之上又雕刻成木造部分，如柱，如阑额，斗拱。唐时木构建筑完整存在到今日，虽属可能，但在国内至今尚未发现过一个，所以我们常依赖唐人画壁里所描画的伽蓝，殿宇，来作各种参考。由西安大雁塔门楣上石刻——一幅惊人的清晰写真的描画——研究斗拱，知已较六朝更进一步。在柱头的斗拱上有两层向外伸出的翘，翘头上已有横拱厢拱。敦煌石窟中唐五代的画壁，用鲜明准确的色与线，表现出当时殿宇楼阁，凡是在建筑的外表上所看得见的结构，都极忠实地表现出来。斗拱虽是难于描画的部分，但在画里却清晰，可以看到规模。当时建筑的成熟实已可观。

全个木造实物，国内虽尚未得见唐以前物，但在日本则有多处，尚巍然存在。其中著名的，如奈良法隆寺之金堂，五重塔，和中门，乃飞鸟时代物，适当隋代，而其建造者乃由高丽东渡的匠师。奈良唐招提寺的金堂及讲堂乃唐僧鉴真法师所立，建于天平时代，适为唐肃宗至德二年。这些都是隋唐时代中国建筑在远处得流传者，为现时研究中国建筑演变的极重要材料；尤其是唐招提寺的金堂，斗拱的结构与大雁塔石刻画中的斗拱结构，几完全符合——一方面证明大雁塔刻画之可靠，一方面又可以由这实物一探当时斗拱结构之内部。

宋辽遗物甚多，即限于已经专家认识，摄影，或测绘过的各处内说，最古的已有距唐末仅数十年时的遗物。近来发现又重新刊行问世的李明仲《营造法式》一书，将北宋晚年“官式”建筑，详细的用图样说明，乃是罕中又罕的术书。于是宋代建筑蜕变的程序，步步分明。使我们对这上承汉唐，下启明清的关键，已有十分满意的把握。

元明术书虽然没有存在的，但遗物可征者，现在还有很多，不难加以相当整理。清代于雍正十二年钦定公布《工程做法则例》，凡在北平的一切公私建筑，在京师以外许多的“敕建”建筑，都崇奉则例，不敢稍异。现在北平的故宫及无数庙宇，可供清代营造制度及方法之研究。优劣姑不论，其为我国几千年建筑的嫡嗣，则绝无可疑。不研究中国建筑则已，如果认真研究，则非对清代则例相当熟识不可。在年代上既不太远，术书遗物又最完全，先着手研究清代，是势所必然。有一近代建筑知识作根底，研究古代建筑时，在比较上便不至茫然无所依傍，所以研究清式则例，也是研究中国建筑史者所必须经过的第一步。

［二］

以现代眼光，重新注意到中国建筑的一般人，虽尊崇中国建筑特殊外形的美丽，却常忽视其结构上之价值。这忽视的原因，常常由于笼统的对中国建筑存一种不满的成见。这不满的成见中最重要的成分，是觉到中国木造建筑之不能永久。其所以不能永久的主因，究为材料本身或是其构造法的简陋，却未尝深加探讨。中国建筑在平面上是离散的，若干座独立的建筑物，分配在院宇各方，所以虽然最主要雄伟的宫殿，若是以一座单独的结构，与欧洲任何全座负盛名的石造建筑物比较起来，显然小而简单，似有逊色。这个无形中也影响到近人对本国建筑的怀疑或蔑视。

中国建筑既然有上述两特征；以木材作为主要结构材料，在平面上是离散的独立的单座建筑物，严格的，我们便不应以单座建筑作为单位，与欧美全座石造繁重的建筑物作任何比较。但是若以今日西洋建筑学和美学的眼光来观察中国建筑本身之所以如是，和其结构历来所本的原则，及其所取的途径，则这统系建筑的内容，的确是最经得起严酷的分析而无所惭愧的。

我们知道一座完善的建筑，必须具有三个要素：适用，坚固，美观。但是这三个条件都不是有绝对的标准的。因为任何建筑皆不能脱离产生它的时代和环境来讲的；其实建筑本身常常是时代环境的写照。建筑里一定不可避免的，会反映着各时代的智识，技能，思想，制度，习惯，和各地方的地理气候。所以所谓适用者，只是适合于当时当地人民生活习惯气候环境而讲。所谓坚固，更不能脱离材料本质而论；建筑艺术是产生在极酷刻的物理限制之下，天然材料种类很多，不一定都凑巧的被人采用，被选择采用的材料，更不一定就是最坚固，最容易驾驭的。既被选用的材料，人们又常常习惯的继续将就它，到极长久的时间，虽然在另一方面，或者又引用其他材料，方法，在可能范围内来补救前者的不足。所以建筑艺术的进展，大部也就是人们选择，驾驭，征服天然材料的试验经过。所谓建筑的坚固，只是不违背其所用材料之合理的结构原则，运用通常智识技巧，使其在普通环境之下——兵火例外——能有相当永久的寿命的。例如石料本身比木料坚固，然在中国用木的方法竟达极高度的圆满，而用石的方法甚不妥当，且建筑上各种问题常不能独用石料解决，即有用石料处亦常发生弊病，反比木质的部分容易损毁。

至于论建筑上的美，浅而易见的，当然是其轮廓，色彩，材质等，但美的大部分精神所在，却蕴于其权衡中；长与短之比，平面上各大小部分之分配，立体上各体积各部分之轻重均等，所谓增一分则太长，减一分则太短的玄妙。但建筑既是主要解决生活上实际各问题，而用材料所结构出来的物体，所以无论美的精神多缥缈难以捉摸，建筑上的美，是不能脱离合理的，有机能的，有作用的结构而独立。能呈现平稳，舒适，自然的外象；能诚实的袒露内部有机的结构，各部的功用，及全部的组织；不事掩饰；不矫揉造作；能自然的发挥其所用材料的本质的特性；只设施雕饰于必需的结构部分，以求更和悦的轮廓，更调谐的色彩；不勉强结构出多余的装饰物来增加华丽；不滥用曲线或色彩来求媚于庸俗；这些便是“建筑美”所包含的各条件。

中国建筑，不容疑义的，曾经具备过以上所说的三个要素：适用，坚固，美观。在木料限制下经营结构“权衡俊美的”（beautifully proportioned），“坚固”的各种建筑物，来适应当时当地的种种生活习惯的需求。我们只说其“曾经”具备过这三要素；因为中国现代生活种种与旧日积渐不同。所以旧制建筑的各种分配，随着便渐不适用。尤其是因政治制度，和社会组织忽然改革，迥然与先前不同；一方面许多建筑物完全失掉原来功用，——如宫殿，庙宇，官衙，城楼等等；——一方面又需要因新组织而产生的许多公共建筑——如学校，医院，工厂，驿站，图书馆，体育馆，博物馆，商场等等；——在适用一条下，现在既完全的换了新问题，旧的答案之不能适应，自是理之当然。

中国建筑坚固问题，在木料本质的限制之下，实是成功的。下文分析里，更可证明其在技艺上，有过极艰巨的努力，而得到许多圆满，且可骄傲的成绩。如“梁架”，如“斗拱”，如“翼角翘起”种种结构做法及用材。直至最近代科学猛进，坚固标准骤然提高之后，木造建筑之不永久性，才令人感到不满意。但是近代新发明的科学材料，如钢架及钢骨水泥，作木石的更经济更永久的替代，其所应用的结构原则，却正与我们历来木造结构所本的原则符合。所以即使木料本身有遗憾，因木料所产生的中国结构制度的价值则仍然存在，且这制度的设施，将继续的应用在新材料上，效劳于我国将来的新建筑。这一点实在是值得注意的。

已往建筑即使因人类生活状态之更换，致失去原来功用，其历史价值不论，其权衡俊秀或魁伟，结构灵活或诚朴，其纯美术的价值仍显然绝不能讳认的。古埃及的陵殿，希腊的神庙，中世纪的堡垒，文艺复兴中的宫苑，皆是建筑中的至宝，虽然其原始作用已全失去。虽然建筑的美术价值不会因原始作用失去而低减，但是这建筑的“美”却不能脱离适当的，有机的，有作用的结构，而独立的。中国建筑的美就是合于这原则；其轮廓的和谐，权衡的俊秀伟丽，大部分是有机，有用的，结构所直接产生的结果。并非因其有色彩，或因其形式特殊，我们推崇中国建筑；而是因产生这特殊式样的内部是智慧的组织，诚实的努力。中国木造构架中凡是梁，栋，檩，椽，及其承托，关联的结构部分，全都袒露无遗；或稍经修饰，或略加点缀，大小错杂，功用昭然。

［三］

虽然中国建筑有如上述的好处，但在这三千年中，各时期差别很大，我们不能笼统的一律看待。大凡一种艺术的始期，都是简单的创造，直率的尝试；规模粗具之后，才节节进步使达完善，那时期的演变常是生气勃勃的。成熟期既达，必有相当时期因承相袭，规定则例，即使对前制有所更改，亦仅限于琐节。单在琐节上用心“过犹不及”的增繁弄巧，久而久之，原始骨干精神必至全然失掉，变成无意义的形式。中国建筑艺术在这一点上也不是例外，其演进和退化的现象极明显的，在各朝代的结构中，可以看得出来。唐以前的，我们没有实物作根据，但以我们所知道的早唐和宋初实物比较，其间显明的进步，使我们相信这时期必仍是生气勃勃，一日千里的时期。结构中含蕴早期的直率及魄力，而在技艺方面又渐精审成熟。以宋代头一百年实物和北宋末年所规定的则例（宋李明仲《营造法式》）比看，它们相差之处，恰恰又证实成熟期到达后，艺术的运命又难免趋向退化。但建筑物的建造不易，且需时日，它的寿命最短亦以数十年，半世纪计算。所以演进退化，也都比较和缓转折。所以由南宋而元而明而清八百余年间，结构上的变化，虽无疑的均趋向退步，但中间尚有起落的波澜，结构上各细部虽多已变成非结构的形式，用材方面虽已渐渐过当的不经济，大部骨干却仍保留着原始结构的功用，构架的精神尚挺秀健在。

现在且将中国构架中大小结构各部作个简单的分析，再将几个部分的演变略为申述，裨研究清式则例的读者，稍识那些严格规定的大小部分的前身，且知分别何者为功用的，魁伟诚实的骨干，何者为功用部分之堕落，成为纤巧非结构的装饰物。即引用清式则例之时，若需酌量增减变换，亦可因稍知其本来功用而有所凭藉；或恢复其结构功用的重要，或矫正其纤细取巧之不适当者，或裁削其不智慧的奢侈的用材。在清制权衡上既知其然，亦可稍知其所以然。

构架　木造构架所用的方法，是在四根立柱的上端，用两横梁两横枋周围牵制成一间。再在两梁之上架起层叠的梁架，以支桁；桁通一间之左右两端，从梁架顶上脊瓜柱上，逐级降落，至前后枋上为止。瓦坡曲线即由此而定。桁上钉椽，排比并列，以承望板；望板以上始铺瓦作，这是构架制骨干最简单的说法。这“间”所以是中国建筑的一个单位；每座建筑物都是由一间或多间合成的。

这构架方法之影响至其外表式样的，有以下最明显的几点：

（一）高度受木材长短之限制，绝不出木材可能的范围。假使有高至二层以上的建筑，则每层自成一构架，相叠构成，如希腊，罗马之super pesed order 。

（二）即极庄严的建筑，也呈现绝对玲珑的外表。结构上无论建筑之大小，绝不需要坚厚的负重墙，除非故意为表现伟雄时，如城楼等建筑，酌量的增厚。

（三）门窗大小可以不受限制；柱与柱之间可以全部安装透光线的小木作——门屏窗扇之类，使室内有充分的光线。不似垒石建筑门窗之为负重墙上的洞，门窗之大小与墙之坚弱是成反比例的。

（四）层叠的梁架逐层增高，成“举架法”，使屋顶瓦坡，自然的，结构的，得一种特别的斜曲线。

斗拱　中国构架中最显著且独有的特征便是屋顶与立柱间过渡的斗拱。椽出为檐，檐承于檐桁上，为求檐伸出深远，故用重叠的曲木——翘——向外支出，以承挑檐桁。为求减少桁与翘相交处的剪力，故在翘头加横的曲木——拱。在拱之两端或拱与翘相交处，用斗形木块——斗——垫托于上下两层拱或翘之间。这多数曲木与斗形木块结合在一起，用以支撑伸出的檐者，谓之斗拱。

这檐下斗拱的职务，是使房檐的重量渐次集中下来直到柱的上面。但斗拱亦不限于檐下，建筑物内部柱头上亦多用之，所以斗拱不分内外，实是横展结构与立柱间最重要的关节。

在中国建筑演变中，斗拱的变化极为显著，竟能大部分的代表各时期建筑技艺的程度及趋向。最早的斗拱实物我们没有木造的，但由仿木造的汉石阙上看，这种斗拱，明显的较后代简单得多；由斗上伸出横拱，拱之两端承檐桁。不止我们不见向外支出的翘，即和清式最简单的“一斗三升”比较，中间的一升亦未形成，虽有，亦仅为一小斗介于拱之两端。直至北魏北齐如云冈天龙山石窟前门，始有斗拱像今日的一斗三升之制。唐大雁塔石刻门楣上所画斗拱，给与我们证据，唐时已有前面向外支出的翘，宋称华拱，且是双层，上层托着横拱，然后承桁。关于唐代斗拱形状，我们所知道的，不只限于大雁塔石刻，鉴真所建奈良唐招提寺金堂，其斗拱结构与大雁塔石刻极相似，由此我们也稍知此种斗拱后尾的结束。进化的斗拱中最有机的部分，“昂”亦由这里初次得见。昂的功用详下文。

国内我们所知道最古的斗拱结构，则是思成前年在沛北蓟县所发现的独乐寺的观音阁，阁为北宋初年公元九八四物，其斗拱结构的雄伟，诚实，一望而知其为有功用有机能的组织。这个斗拱中两昂斜起，向外伸出特长，以支深远的出檐，后尾斜削挑承梁底，如是故这斗拱上有一种应力；以昂为横杆（lever），以大斗为支点，前檐为荷载，而使昂后尾下金桁上的重量下压维持其均衡（equilibrium-um）。斗拱成为一种有机的结构，可以负担屋顶的荷载。

由建筑物外表之全部看来，独乐寺观音阁与敦煌的五代壁画极相似，连斗拱的构造及分布亦极相同。以此作最古斗拱之实例，向下跟着时代看斗拱演变的步骤，以至清代，我们可以看出一个一定的倾向，因而可以定清式斗拱在结构和美术上的地位。

辽宋元明清斗拱比较，即可见其（一）由大而小，（二）由简而繁，（三）由雄壮而纤巧，（四）由结构的而装饰的，（五）由真结构的而成假刻的部分如昂部，（六）分布由疏朗而繁密。

辽圣宗朝物，可以说是北宋初年的作品。其高度约占柱高之半至五分之二。斗拱出踩较多一踩，按《工程做法则例》的尺寸，则斗拱高只及柱高之四分之一。而辽清间的其他斗拱，年代逾后，则斗拱与柱高之比逾小。在比例上如此，实际尺寸上亦如此。于是后代的斗拱，日趋繁杂纤巧；斗拱的功用，日渐消失；如斗拱原为支檐之用，至清代则将挑檐桁放在梁头上，其支出远度无所赖于层层支出的曲木翘或昂。而辽宋斗拱，均为一种有机的结构，负责的承檐及屋顶的荷载。明清以后的斗拱，除在柱头上者尚有相当结构机能外，其平身科已成为半装饰品了。至于斗拱之分布，在唐画中及独乐寺所见，柱头与柱头之间，率只用补间斗拱，清称平身科一朵攒；“营造法式”规定当心间用两朵，次梢间用一朵。至明清以斗口十一分定攒档，两柱之间，可以用到八攒平身科，密密的排列，不止全没有结构价值，本身反成为额枋上重累，比起宋建，雄壮豪劲相差太多了。

梁架用材的力学问题，清式较古式及现代通用的结构法，都有个显著的大缺点。现代用木梁，多使梁高与宽作二与一或三与二之比，以求其最经济最得力的权衡。宋《营造法式》也规定为三与二之比。《工程做法则例》则定为十与八或十二与十之比，其断面近乎正方形，又是个不科学不经济的用材法。

屋顶　历来被视为极特异极神秘之中国屋顶曲线，其实只是结构上直率自然的结果，并没有什么超出力学原则以外和矫揉造作之处，同时在实用及美观上皆异常的成功。这种屋顶全部的曲线及轮廓，上部巍然高耸，檐部如翼轻展，使本来极无趣，极笨拙的实际部分，成为整个建筑物美丽的冠冕，是别系建筑所没有的特征。

因雨水和光线的切要实题，屋顶早就扩张出檐的部分。出檐远，檐沿则亦低压，阻碍光线，且雨水顺势急流，檐下亦发生溅水问题。

为解决这两个问题，于是有飞檐的发明：用双层椽子，上层椽子微曲，使檐沿向上稍翻成曲线。到屋角时，更同时向左右抬高，使屋角之檐加甚其仰翻曲度。这“翼角翘起”，在结构上是极合理，极自然的布置，我们竟可以说：屋角的翘起是结构法所促成的；其结构法详第三章。因为在屋角两檐相交处的那根主要构材——“角梁”及上段“由戗”——是较椽子大得很多的木材，其方向是与建筑物正面成四十五度的，所以那并排一列椽子，与建筑物正面成直角的，到了靠屋角处必须积渐开斜，使渐平行于角梁，并使最后一根直到紧贴在角梁旁边。但又因椽子同这角梁的大小悬殊，要使椽子上皮与角梁上皮平，以铺望板，则必须将这开舒的几根椽子依次抬高，在底下垫“枕头木”。凡此种种皆是结构上的问题适当的，被技巧解决了的。

这道曲线在结构上几乎是不可信的简单和自然；而同时在美观上不知增加多少神韵。不过我们须注意过当或极端的倾向，常将本来自然合理的结构变成取巧和复杂。这过当的倾向，表面上且呈出脆弱虚矫的弱点，为审美者所不取。但一般人常以愈巧愈繁必是愈美，无形中多鼓励这种倾向。南方手艺灵活的地方，飞檐及翘角均特别过当，外观上虽有浪漫的姿态，容易引人赞美，但到底不及北方现代所常见的庄重恰当，合于审美的真纯条件。

屋顶的曲线不只限于“翼角翘起”与“飞檐”，即瓦坡的全部，也是微曲的不是一片直的斜坡；这曲线之由来乃从梁架逐层加高而成，称为“举架”（详第三章），使屋顶斜度越上越峻峭，越下越和缓。《考工记》：“轮人为盖……上欲尊而宇欲卑，上尊而宇卑，则吐水疾而溜远”，很明白的解释这种屋顶实际上的效用。在外观上又因这“上尊而宇卑”，可以矫正本来屋脊因透视而减低的倾向，使屋顶仍得巍然屹立，增加外表轮廓上的美。

至于屋顶上许多装饰物，在结构上也有它们的功用，或是曾经有过功用的。诚实的来装饰一个结构部分，而不肯勉强的来掩蔽一个结构枢纽或关节，是中国建筑最长之处；在屋顶瓦饰上，这原则仍是适用的。脊瓦是两坡接缝处重要的保护者，值得相当的注重，所以有正脊垂脊等部之应用。又因其位置之重要，略异其大小，所以正脊比垂脊略大。正脊上的正吻和垂脊上的走兽等等，无疑的也曾是结构部分。我们虽然没有证据，但我们若假定正吻原是管着脊部木架及脊外瓦盖的一个总关键，也不算一种太离奇的幻想；虽然正吻形式的原始，据说是因为柏梁台灾后，方士说“南海有鱼虬，尾似鸱，激浪降雨”，所以做成鸱尾象，以厌火祥的。垂脊下半的走兽仙人，或是斜脊上钉头经过装饰以后的变形。每行瓦陇前头一块上面至今尚有盖钉头的钉帽，这钉头是防止瓦陇下溜的。垂脊上饰物本来必不如清式复杂，敦煌壁画里常见用两座“宝珠”，显然像木钉的上部略经雕饰的。垂兽在斜脊上段之末，正分划底下骨架里由戗与角梁的节段，使这个瓦脊上饰物，在结构方面又增一种意义，不纯出于偶然。

台基　台基在中国建筑里也是特别发达的一部，也有悠久的历史。《史记》里“尧之有天下也，堂高三尺”。汉有三阶之制，左碱右平；三阶就是基台，碱即台阶的踏道，平即御路。这台基部分如希腊建筑的台基一样，是建筑本身之一部，而不可脱离的。在普通建筑里，台基已是本身中之一部，而在宫殿庙宇中尤为重要。如北平故宫三殿，下有白石崇台三重，为三殿作基座，如汉之三阶。这正足以表示中国建筑历来在布局上也是费了精详的较量，用这舒展的基座，来托衬壮伟巍峨的宫殿。在这点上日本徒知模仿中国建筑的上部，而不采用底下舒展的基座，致其建筑物常呈上重下轻之势。近时新建筑亦常有只注重模仿旧式屋顶而摒弃底下基座的。所以那些多层的所谓仿宫殿式的崇楼华宇，许多是生硬的直出泥上，令人生不快之感。

关于台基的演变，我不在此赘述，只提出一个最值得注意之点来以供读清式则例时参考。台基有两种：一种平削方整的，另一种上下加枭混，清式称须弥座台基。这须弥座台基就是台基而加雕饰者，唐时已有，见于壁画，宋式更有见于实物的，且详载于《营造法式》中。但清式须弥座台基与唐宋的比较有个大不相同处：清式称“束腰”的部分，介于上下枭混之间，是一条细窄长道，在前时却是较大的主要部分——可以说是整个台基的主体。所以唐宋的须弥座基一望而知是一座台基上下加雕饰者，而清式的上下枭混与束腰竟是不分宾主，使台基失掉主体而纯像雕纹，在外表上大减其原来雄厚力量。在这一点上我们便可以看出清式在雕饰方面加增华丽，反倒失掉主干精神，实是个不可讳认的事实。

色彩　色彩在中国建筑上所占的位置，比在别式建筑中重要得多，所以也成为中国建筑主要特征之一。油漆涂在木料上本来为的是避免风日雨雪的侵蚀；因其色彩分配的得当，所以又兼收实用与美观上的长处，不能单以色彩作奇特繁杂之表现。中国建筑上色彩之分配，是非常慎重的。檐下阴影掩映部分，主要色彩多为“冷色”，如青蓝碧绿，略加金点。柱及墙壁则以丹赤为其主色，与檐下幽阴里冷色的彩画正相反其格调。有时庙宇的柱廊竟以黑色为主，与阶陛的白色相映衬。这种色彩的操纵可谓轻重得当，极含蓄的能事。我们建筑既为用彩色的，设使这些色彩竟滥用于建筑之全部，使上下耀目辉煌，势必鄙俗妖冶，乃至野蛮，无所谓美丽和谐或庄严了。琉璃于汉代自罽宾传入中国；用于屋顶当始于北魏，明清两代，应用尤广，这个由外国传来的宝贵建筑材料，更使中国建筑放一异彩。本来轮廓已极优美的屋宇，再加以琉璃色彩的宏丽，那建筑的冠冕便几无瑕疵可指。但在瓦色的分配上也是因为操纵得宜；尊重纯色的庄严，避免杂色的猥琐，才能如此成功。琉璃瓦即偶有用多色的例，亦只限于庭园小建筑物上面，且用色并不过滥，所砌花样亦能单简不奢。既用色彩又能俭约，实是我们建筑术中值得自豪的一点。

平面　关于中国建筑最后还有个极重要的讨论：那就是它的平面布置问题。但这个问题广大复杂，不包括于本绪论范围之内，现在不能涉及。不过有一点是研究清式则例者不可不知的，当在此略一提到。凡单独一座建筑物的平面布置，依照清《工部工程做法》所规定，虽其种类似乎众多不等，但到底是归纳到极呆板，极简单的定例。所有均以四柱牵制成一间的原则为主体的，所以每座建筑物中柱的分布是极规则的。但就我们所知道宋代单座遗物的平面看来，其布置非常活动，比起清式的单座平面自由得多了。宋遗物中虽多是庙宇，但其殿里供佛设座的地方，两旁供立罗汉的地方，每处不同。在同一殿中，柱之大小有几种不同的，正间梢间柱的数目地位亦均不同的（参看中国营造学社各期《汇刊》辽宋遗物报告）。

所以宋式不止上部结构如斗拱斜昂是有机的组织，即其平面亦为灵活有功用的布置。现代建筑在平面上需要极端的灵活变化，凡是试验采用中国旧式建筑改为现代用的建筑师们，更不能不稍稍知道清式以外的单座平面，以备参考。

工程 现在讲到中国旧的工程学，本是对于现代建筑师们无所补益的，并无研究的价值。只是其中有几种弱点，不妨举出供读者注意而已。

（一）清代匠人对于木料，尤其是梁，往往用得太费。这点上文已讨论过。他们显然不明了横梁载重的力量只与梁高成正比例，而与梁宽的关系较小。所以梁的宽度，由近代工程学的眼光看来，往往嫌其太过。同时匠师对于梁的尺寸，因没有计算木力的方法，不得不尽量放大，用极高的安全率，以避免危险。结果不但是木料之大靡费，而且因梁本身重量太重，以致影响及于下部的坚固。

（二）中国匠师素不用三角形。他们虽知道三角形是惟一不变动几何形，但对于这原则却极少应用。在清式构架中，上部既有过重的梁，又没有用三角形支撑的柱，所以清代的建筑，经过不甚长久的岁月，便有倾斜的危险。北平街上随处有这种已倾斜而用砖礅或木柱支撑的房子。

（三）地基太浅是中国建筑的一个大病。普通则例规定是台明高之一半，下面垫几步灰土。这种做法很不彻底，尤其是在北方，地基若不刨到冰线以下，建筑物的安全方面，一定要发生问题。

好在这几个缺点，在新建筑师手里，根本就不成问题。我们只怕不了解，了解之后，去避免或纠正它是很容易的。

上文已说到艺术有勃起、呆滞、衰落各种时期，就中国建筑讲，宋代已是规定则例的时期，留下《营造法式》一书；明代的《营造正式》虽未发见，清代的《工程做法则例》却极完整。所以就我们所确知的则例，已有将近千年的根基了。这九百多年之间，建筑的气魄和结构之直率，的确一代不如一代，但是我认为还在抄袭时期；原始精神尚大部保存，未能说是堕落。可巧在这时间，有新材料新方法在欧美产生，其基本原则适与中国几千年来的构架制同一学理。而现代工厂，学校，医院，及其他需要光线和空气的建筑，其墙壁门窗之配置，其铁筋混凝土及钢骨的构架，除去材料不同外，基本方法与中国固有的方法是相同的。这正是中国老建筑产生新生命的时期。在这时期，中国的新建筑师对于他祖先留下的一份产业实在应当有个充分的认识。因此思成将他所已知道的比较详尽的清式则例整理出来，以供建筑师们和建筑学生们的参考。他嘱我为作绪论，申述中国建筑之沿革，并略论其优劣，我对于中国建筑沿革所识几微，优劣的评论，更非所敢。姑草此数千言，拉杂成此一篇，只怕对《清式则例》读者无所裨益但乱听闻。不过我敢对读者提醒一声：规矩只是匠人的引导，创造的建筑师们和建筑学生们，虽须要明了过去的传统规矩，却不要盲从则例，束缚自己的创造力。我们要记着一句普通谚语："尽信书不如无书。"

二十三年一月，林徽因

平郊建筑杂录[①]

北平四郊近二三百年间建筑遗物极多，偶尔郊游，触目都是饶有趣味的古建。其中辽金元古物虽然也有，但是大部分还是明清的遗构；有的是煊赫的“名胜”，有的是消沉的“痕迹”；有的按期受成群的世界游历团的赞扬，有的只偶尔受诗人们的凭吊，或画家的欣赏。

这些美的存在，在建筑审美者的眼里，都能引起特异的感觉，在“诗意”和“画意”之外，还使他感到一种“建筑意”的愉快。这也许是个狂妄的说法——但是，什么叫作“建筑意”？我们很可以找出一个比较近理的定义或解释来。

顽石会不会点头，我们不敢有所争辩，那问题怕要牵涉到物理学家，但经过大匠之手艺，年代之磋磨，有一些石头的确是会蕴含生气的。天然的材料经人的聪明建造，再受时间的洗礼，成美术与历史地理之和，使它不能不引起赏鉴者一种特殊的性灵的融会，神志的感触，这话或者可以算是说得通。

无论哪一个巍峨的古城楼，或一角倾颓的殿基的灵魂里，无形中

① 发表于 1932 年 11 月《中国营造学社汇刊》第 3 卷第 4 期，由梁思成、林徽因合撰。

都在诉说，乃至于歌唱，时间上漫不可信的变迁；由温雅的儿女佳话，到流血成渠的杀戮。他们所给的“意”的确是“诗”与“画”的。但是建筑师要郑重的声明，那里面还有超出这“诗”“画”以外的“意”存在。眼睛在接触人的智力和生活所产生的一个结构，在光影恰恰可人中，和谐的轮廓，披着风露所赐予的层层生动的色彩；潜意识里更有“眼看他起高楼，眼看他楼塌了”凭吊兴衰的感慨；偶然更发现一片，只要一片，极精致的雕纹，一位不知名匠师的手笔，请问那时锐感，即不叫他做“建筑意”，我们也得要临时给他制造个同样狂妄的名词，是不?

建筑审美可不能势利的。大名煊赫，尤其是有乾隆御笔碑石来赞扬的，并不一定便是宝贝；不见经传，湮没在人迹罕至的乱草中间的，更不一定不是一位无名英雄。以貌取人或者不可，“以貌取建”却是个好态度。北平近郊可经人以貌取舍的古建筑实不在少数。摄影图录之后，或考证它的来历，或由村老传说中推测他的过往——可以成一个建筑师为古物打抱不平的事业，和比较有意思的夏假消遣。而他的报酬便是那无穷的建筑意的收获。

[一 卧佛寺的平面]

说起受帝国主义的压迫，再没有比卧佛寺委屈的了。卧佛寺的住持智宽和尚，前年偶同我们谈天，用“叹息痛恨于桓灵”的口气告诉我，他的先师老和尚，如何如何的与青年会订了合同，以每年一百元的租金，把寺的大部分租借了二十年，如同胶州湾，辽东半岛的条约一样。

其实这都怪那佛一觉睡几百年不醒，到了这危难的关头，还不起来给老和尚当头棒喝，使他早早觉悟，组织个佛教青年会西山消夏团。虽未必可使佛法感化了摩登青年，至少可借以繁荣了寿安山……不错，那山叫寿安山……又何至等到今年五台山些少的补助，才能修葺开始残破的庙宇呢！

我们也不必怪老和尚，也不必怪青年会……其实还应该感谢青年会。要是没有青年会，今天有几个人会知道卧佛寺那样一个山窝子里的去处。在北方——尤其是北平——上学的人，大半都到过卧佛寺。一到夏天，各地学生们，男的，女的，谁不愿意来消消夏，爬山，游水，骑驴，多么优哉游哉。据说每年夏令会总成全了许多爱人儿们的心愿，想不到睡觉的释迦牟尼，还能在梦中代行月下老人的职务，也真是佛法无边了。

从玉泉山到香山的马路，快近北辛村的地方，有条岔路忽然转北上坡的，正是引导你到卧佛寺的大道。寺是向南，一带山屏障似的围住寺的北面，所以寺后有一部分渐高，一直上了山脚。在最前面，迎着来人的，是寺的第一道牌楼，那还在一条柏荫夹道的前头。当初这牌楼是什么模样，我们大概还能想象，前人做的事虽不一定都比我们强，却是关于这牌楼大概无论如何他们要比我们大方得多。现在的这座只说他不顺眼已算十分客气，不知哪一位和尚化来的酸缘，在破碎的基上，竖了四根小柱子，上面横钉了几块板，就叫它做牌楼。这算是经济萎衰的直接表现，还是宗教力渐弱的间接表现？一时我还不能答复。

顺着两行古柏的马道上去，骤然间到了上边，才看见另外的鲜明的一座琉璃牌楼在眼前。汉白玉的须弥座，三个汉白玉的圆门洞，黄绿琉璃的柱子，横额，斗栱，檐瓦。如果你相信一个建筑师的自言自语，“那是乾嘉间的作法”。至于《日下旧闻考》所记寺前为门的如来宝塔，却已不知去向了。

琉璃牌楼之内，有一道白石桥，由半月形的小池上过去。池的北面和桥的旁边，都有精致的石栏杆，现在只余北面一半，南面的已改成洋灰抹砖栏杆。这也据说是“放生池”，里面的鱼，都是“放”的。佛寺前的池，本是佛寺的一部分，用不着我们小题大做地讲。但是池上有桥，现在虽处处可见，但它的来由却不见得十分古远。在许多寺池上，没有桥的却较占多数。至于池的半月形，也是个较近的做法，古代的池大半都是方的。池的用途多是放生，养鱼。但是刘士能先生告诉我们说南京附近有一处律宗的寺，利用山中溪水为月牙池，和尚们每斋都跪在池边吃，风雪无阻，吃完在池中洗碗。幸而卧佛寺的和尚们并不如律宗的苦行，不然放生池不唯不能放生，怕还要变成脏水坑了。

与桥正相对的是山门。山门之外，左右两旁，是钟鼓楼，从前已很破烂，今年忽然大大地修整起来。连角梁下失去的铜铎，也用二十一号的白铅铁焊上，油上红绿颜色，如同东安市场的国货玩具一样的鲜明。

山门平时是不开的，走路的人都从山门旁边的门道出入。入门之后，迎面是一座天王殿，里面供的是四天王——就是四大金刚——东西梢间各两位对面侍立，明间面南的是光肚笑嘻嘻的阿弥陀佛，面北合十站着的是韦驮。

再进去是正殿，前面是月台，月台上（在秋收的时候）铺着金黄色的老玉米，像是专替旧殿着色。正殿五间，供三位喇嘛式的佛像。据说正殿本来也有卧佛一躯，雍正还看见过，是旃檀佛像，唐太宗贞观年间的东西。却是到了乾隆年间，这位佛大概睡醒了，不知何时上哪儿去了。只剩了后殿那一位，一直睡到如今，还没有醒。

从前面牌楼一直到后殿，都是建立在一条中线上的。这个在寺的平面上并不算稀奇，罕异的却是由山门之左右，有游廊向东西，再折而向北，其间虽有方丈客室和正殿的东西配殿，但是一气连接，直到最后面又折而东西，回到后殿左右。这一周的廊，东西（连山门和后殿算上）十九间，南北（连方丈配殿算上）四十间，成一个大长方形。中间虽立着天王殿和正殿，却不像普通的庙殿，将全寺用“四合头”式前后分成几进。这是少有的。在这点上，本刊上期刘士能先生在智化寺调查记中说：“唐宋以来有伽蓝七堂之称。惟各宗略有异同，而同在一宗，复因地域环境，互相增省……”现在卧佛寺中院，除去最后的后殿外，前面各堂为数适七，虽不敢说这是七堂之例，但可借此略窥制度耳。

这种平面布置，在唐宋时代很是平常，敦煌画壁里的伽蓝都是如此布置，在日本各地也有飞鸟平安时代这种的遗例。在北平一带（别处如何未得详究），却只剩这一处唐式平面了。所以人人熟识的卧佛寺，经过许多人用帆布床“卧”过的卧佛寺游廊，是还有一点新的理由，值得游人将来重加注意的。

卧佛寺各部殿宇的立面（外观）和断面（内部结构）却都是清式中极规矩的结构，用不着细讲。至于殿前伟丽的娑罗宝树，和树下消夏的青年们所给与你的是什么复杂的感觉，那是各人的人生观问题，建筑师可以不必参加意见。事实极明显的，如东院几进宜于消夏乘凉；西院的观音堂总有人租住；堂前的方池——旧籍中无数记录的方池——现在已成了游泳池，更不必赘述或加任何的注解。

“凝神映性”的池水，用来做锻炼身体之用，在青年会道德观之下，自成道理——没有康健的身体，焉能有康健的精神？——或许！或许！但怕池中的微生物杂菌不甚懂事。

池的四周原有精美的白石栏杆，已拆下叠成台阶，做游人下池的路。不知趣的，容易伤感的建筑师，看了又一阵心酸。其实这不算稀奇，中世纪的教皇们不是把古罗马时代的庙宇当石矿用，采取那石头去修“上帝的房子”吗？这台阶——栏杆——或也不过是将原来离经叛道“崇拜偶像者”的迷信废物，拿去为上帝人道尽义务。“保存古物”，在许多人听去当是一句迂腐的废话。“这年头！这年头！”每个时代都有些人在没奈何时，喊着这句话出出气。

［二　法海寺门与原先的居庸关[①]］

法海寺在香山之南，香山通八大处马路的西边不远。一个很小的山寺，谁也不会上那里去游览的。寺的本身在山坡上，寺门却在寺

① 法海寺门与原先的居庸关：所指居庸关，为居庸关云台，为元代一座过街塔的塔座。

前一里多远山坡底下。坐汽车走过那一带的人，怕绝对不会看见法海寺门一类无关轻重的东西的。骑驴或走路的人，也很难得注意到在山谷碎石堆那一点小建筑物。尤其是由远处看，它的颜色和背景非常相似。因此看见过法海寺门的人我敢相信一定不多。

特别留意到这寺门的人，却必定有。因为这寺门的形式是与寻常的极不相同：有圆拱门洞的城楼模样，上边却顶着一座喇嘛式的塔——一个缩小的北海白塔。这奇特的形式，不是中国建筑里所常见。

这圆拱门洞是石砌的。东面门额上题着“敕赐法海禅寺”，旁边陪着一行“顺治十七年夏月吉日”的小字。西面额上题着三种文字，其中看得懂的中文是“唵巴得摩乌室尼渴华麻列吽敓吒”，其他两种或是满蒙各占其一个。走路到这门下，疲乏之余，读完这一行题字也就觉得轻松许多！

门洞里还有隐约的画壁，顶上一部分居然还勉强剩出一点颜色来。由门洞西望，不远便是一座石桥，微拱的架过一道山沟，接着一条山道直通到山坡上寺的本身。

门上那座塔的平面略似十字形而较复杂。立面分多层，中间束腰石色较白，刻着生猛的浮雕狮子。在束腰上枋以上，各层重叠像阶级，每级每面有三尊佛像。每尊佛像带着背光，成一浮雕薄片，周围有极精致的琉璃边框。像脸不带色釉，眉目口鼻均伶俐秀美，全脸大不及寸余。座上便是塔的圆肚，塔肚四面四个浅龛，中间坐着浮雕造像，刻工甚俊。龛边亦有细刻。更上是相轮（或称刹），刹座刻作莲瓣，外廓微作盆形，底下还有小方十字座。最顶尖上有仰月的教徽。仰月徽去夏还完好，今秋已掉下。据乡人说是八月间大风雨吹掉的，这塔的破坏于是又进了一步。

这座小小带塔的寺门，除门洞上面一围砖栏杆外，完全是石造的。这在中国又是个少有的例。现在塔座上斜长着一棵古劲的柏树，为塔门增了不少的苍姿，更像是做他的年代的保证。为塔门保存计，这种古树似要移去的。怜惜古建的人到了这里真是彷徨不知所措；好在在古物保存如许不周到的中国，这忧虑未免神经过敏！

法海寺门特点却并不在上述诸点，石造及其年代等等，主要的却是他的式样与原先的居庸关相类似。从前居庸关上本有一座塔的，但因倾颓已久，无从考其形状。不想在平郊竟有这样一个发现。虽然在《日下旧闻考》里法海寺只占了两行不重要的位置；一句轻淡的“门上有小塔”，在研究居庸关原状的立脚点看来，却要算个重要的材料了。

[三　杏子口的三个石佛龛]

由八大处向香山走，出来不过三、四里，马路便由一处山口里开过。在山口路转第一个大弯，向下直趋的地方，马路旁边，微偻的山坡上，有两座小小的石亭。其实也无所谓石亭，简直就是两座小石佛龛。两座石龛的大小稍稍不同，而他们的背面却同是不客气地向着马路。因为他们的前面全是向南，朝着另一个山口——那原来的杏子口。

在没有马路的时代，这地方才不愧称作山口。在深入三四十尺的山沟中，一道唯一的蜿蜒险狭的出路；两旁对峙着两堆山，一出口则豁然开朗一片平原田壤，海似的平铺着，远处浮出同孤岛一般的玉泉山，托住山塔。这杏子口的确有小规模的“一夫当关，万夫莫敌”的特异形势。两石佛龛既据住北坡的顶上，对面南坡上也立着一座北向的，相似的石龛，朝着这山口。由石峡底下的杏子口往上看，这三座石龛分峙两崖，虽然很小，却顶着一种超然的庄严，镶在碧澄澄的天空里，给辛苦的行人一种神异的快感和美感。

现时的马路是在北坡两龛背后绕着过去，直趋下山。因其逼近两龛，所以驰车过此地的人，绝对要看到这两个特别的石亭子的。但是同时因为这山路危趋的形势，无论是由香山西行，还是从八大处东去，谁都不愿冒险停住快驶的汽车去细看这么几个石佛龛子。于是多数的过路车客，全都遏制住好奇爱古的心，冲过去便算了。

假若作者是个细看过这石龛的人，那是因为他是例外，遏止不住他的好奇爱古的心，在冲过便算了不知多少次以后发誓要停下来看一次的。那一次也就不算过路，却是带着照相机去专程拜谒；且将车驶过那危险的山路停下，又步行到龛前后去瞻仰丰采的。

在龛前，高高地往下望着那刻着几百年车辙的杏子口石路，看一个小泥人大小的农人挑着担过去，又一个带朵鬓花的老婆子，夹着黄色包袱，弯着背慢慢地踱过来，才能明白这三座石龛本来的使命。如果这石龛能够说话，他们或不能告诉得完他们所看过经过杏子口底下的图画——那时一串骆驼正在一个跟着一个的，穿出杏子口转下一个斜坡。

北坡上这两座佛龛是并立在一个小台基上，它们的结构都是由几片青石片合成——每面墙是一整片，南面有门洞，屋顶每层檐一片。西边那座龛较大，平面约一米余见方，高约二米。重檐，上层檐四角微微翘起，值得注意。东面墙上有历代的刻字，跑着的马，人脸的正面等等。其中有几个年月人名，较古的有“承安五年四月廿日到此”，和“至元九年六月十五日□□□贾智记”。承安是金章宗年号，五年是公元一二〇〇年。至元九年是元世祖的年号，元顺帝的至元到六年就改元了，所以是公元一二七二年。这小小的佛龛，至迟也是金代遗物，居然在杏子口受了七百多年以上的风雨，依然存在。当时巍然顶在杏子口北崖上的神气，现在被煞风景的马路贬到盘坐路旁的谦抑；但它们的老资格却并不因此减损，那种倚老卖老的倔强，差不多是傲慢冥顽了。西面墙上有古拙的画——佛像和马——那佛像的样子，骤看竟像美洲土人的Totem-Pole。

龛内有一尊无头趺坐的佛像，虽像身已裂，但是流利的衣褶纹，还有“南宋朝”的遗风。

台基上东边的一座较小，只有单檐，墙上也没字画。龛内有小小无头像一躯，大概是清代补作的。这两座都有苍绿的颜色。

台基前面有宽二米长四米余的月台，上面的面积勉强可以叩拜佛像。

南崖上只有一座佛龛，大小与北崖上小的那座一样。三面做墙的石片，已成纯厚的深黄色，像纯美的烟叶。西面刻着双钩的“南”

字，南面“无”字，东面“佛”字，都是径约八分米。北面开门，里面的佛像已经失了。

这三座小龛，虽不能说是真正的建筑遗物，也可以说是与建筑有关的小品。不止诗意画意都很充足，“建筑意”更是丰富，实在值得停车一览。至于走下山坡到原来的杏子口里往上真真瞻仰这三龛本来庄严峻立的形势，更是值得。

关于北平掌故的书里，还未曾发现有关于这三座石佛龛的记载。好在对于它们年代的审定，因有墙上的刻字，已没有什么难题。所可惜的是它们渺茫的历史无从参考出来，为我们的研究增些趣味。

平郊建筑杂录（续）[1]

——天宁寺塔建筑年代之鉴别问题

一年来，我们在内地各处跑了些路，反倒和北平生疏了许多，近郊虽近，在我们心里却像远了一些，北平广安门外天宁寺塔的研究的初稿竟然原封未动。许多地方竟未再去图影实测，一年半前所关怀的平郊胜迹，那许多美丽的塔影，城角，小楼，残碣于是全都淡淡的，委曲的在角落里初稿中尽睡着下去。

我们想国内爱好美术古迹的人日渐增加，爱慕北平名胜者更是不知凡几，或许对于如何鉴别一个建筑物的年代也常有人感到兴趣，我们这篇讨论天宁寺塔的文字或可供研究者的参考。

关于天宁寺塔建造的年代，据一般人的传说及康熙乾隆的碑记，多不负责的指为隋建，但依塔的式样来做实物的比较，将全塔上下各部逐件指点出来，与各时代其他砖塔对比，再由多面引证反证所有关于这塔的文献，谁也可以明白这塔之绝对不能是隋代原物。

国内隋唐遗建，纯木者尚未得见，砖石者亦大罕贵，但因其为佛教全盛时代，常留大规模的图画雕刻散迹于各处，如敦煌云岗龙

---

① 发表于1935年《中国营造学社汇刊》第5卷第4期，本篇为节选，由梁思成、林徽因合撰。

门等等，其艺术作风，建筑规模，或花纹手法，则又为研究美术者所熟审。宋辽以后遗物虽有不载朝代年月的，可考者终是较多，且同时代，同式样，同一作风的遗物亦较繁伙，互相印证比较容易。故前人泥于可疑的文献，相传某物为某代原物的，今日均不难以实物比较方法，用科学考据态度，重新探讨，辩证其确实时代。这本为今日治史及考古者最重要亦最有趣的工作。

我们的《平郊建筑杂录》，本预定不录无自己图影或测绘的古迹，且均附游记，但是这次不得不例外。原因是《艺术周刊》已预告我们的文章一篇，一时因图片关系交不了卷，近日这天宁寺又尽在我们心里欠伸活动，再也不肯在稿件中间继续睡眠状态，所以决意不待细测全塔，先将对天宁寺简略的考证及鉴定，提早写出，聊作我们对于鉴别建筑年代方法程序的意见，以供同好者的参考。希望各处专家读者给以指正。

广安门外天宁寺塔，是属于那种特殊形式，研究塔者竟有常直称其为“天宁式”的，因为此类塔散见于北方各地，自成一派，天宁则又是其中最著者。此塔不仅是北平近郊古建遗迹之一，且是历来传说中，颇多误认为隋朝建造的实物。但其塔型显然为辽金最普通的式样，细部手法亦均未出宋辽规制范围，关于塔之文献方面材料又全属于可疑一类，直至清代碑记，及《顺天府志》等，始以坚确口气直称其为隋建。传说塔最上一层南面有碑[1]，关于其建造年代，将来或可在这碑上找到最确实的明证，今姑分文献材料及实物作风两方面讨论之。讨论之前，先略述今塔的形状如下。

① 传说塔最上一层南面有碑：据《日下旧闻考》，引《冷然志》。

简略地说，塔的平面为八角形，立面显著的分三部：一，繁复之塔座；二，较塔座略细之第一层塔身；三，以上十三层支出的密檐。全塔砖造高 57.80米，合国尺 17丈有奇。

塔建于一方形大平台之上，平台之上始立八角形塔座。座甚高，最下一部为须弥座，其“束腰”[①]有壶门花饰，转角有浮雕像。此上又有镂刻着壶门浮雕之束腰一道。最上一部为勾栏斗拱俱全之平座一围，阑上承三层仰翻莲瓣。

第一层塔身立于仰莲座之上，其高度几等于整个塔座，四面有拱门及浮雕像，其他四面又各有直棂窗及浮雕像。此段塔身与其上十三层密檐是划然成塔座以上的两个不同部分，十三层密檐中，最下一层是属于这第一层塔身的，出檐稍远，檐下斗拱亦与上层稍稍不同。

上部十二层，每层仅有出檐及斗拱，各层重叠不露塔身。宽度则每层向上递减，递减率且向上增加，使塔外廓作缓和之卷杀。

塔各层出檐不远，檐下均施双拱斗拱。塔的转角为立柱，故其主要的柱头铺作，亦即为其转角铺作。在上十二层两转角间均用补间铺作两朵。唯有第一层只用补间铺作一朵。第一层斗拱与上各层做法不同之处在转角及补间均加用斜拱一道。

塔顶无刹，用两层八角仰莲，上托小须弥座，座承宝珠。塔纯为砖造，内心并无梯级可登。

历来关于天宁寺的文献，《日下旧闻考》中，殆已搜集无遗，计有《神州塔传》，《续高僧传》，《广宏明集》，《帝京景物略》，《长安客话》，《析津日记》，《隩志》，《民齐笔记》，《明典

① 束腰：须弥座中段板称“束腰”，其上有拱形池子称壶门。

汇》，《冷然志》，及其他关于这塔的记载，以及乾隆重修天宁寺碑文及各处许多的诗（康熙天宁寺《礼塔碑记》并未在内）。所收材料虽多，但关于现存砖塔建造的年代，则除却年代最后的那个乾隆碑之外，综前代的文献中，无一句有确实性的明文记载。

不过《顺天府志》将《日下旧闻考》所集的各种记述，竟然自由草率的综合起来，以确定的语气说："寺为元魏所造，隋为宏业，唐为天王，金为大万安，寺当元末兵火荡尽，明初重修，宣德改曰天宁，正统更名广善戒坛，后复今名，……寺内隋塔高二十七丈五尺五寸……"等。

按《日下旧闻》中文多重复抄袭及迷信传述，有朝代年月，及实物之记载的，有下列重要的几段。

（一）《神州塔传》："隋仁寿间幽州宏业寺建塔藏舍利。"此书在文献中年代大概最早，但传中并未有丝毫关于塔身形状材料位置之记述，故此段建塔的记载，与现存砖塔的关系完全是疑问的。仁寿间宏业寺建塔，藏舍利，并不见得就是今天立着的天宁寺塔，这是很明显的。

（二）《续高僧传》："仁寿下敕召送舍利于幽州宏业寺，即元魏孝文之所造，旧号光林……自开皇末，舍利到前，山恒倾摇……及安塔竟，山动自息……"《续高僧传》，唐时书，亦为集中早代文献之一。按此则隋开皇中"安塔"，但其关系与今塔如何则仍然如《神州塔传》一样，只是疑问的。

（三）《广宏明集》："仁寿二年分布舍利五十一州，建立灵塔。幽州表云，三月二十六日，于宏业寺安置舍利……"这段仅记安置舍利的年月也是与上两项一样的与今塔（即现存的建筑物）并无确实关系。

（四）《帝京景物略》："隋文帝遇阿罗汉授舍利一囊……乃以七宝函致雍岐等十三州建一塔，天宁寺其一也，塔高十三寻，四周缀铎万计，……塔前一幢，书体遒美，开皇中立……"这是一部明末的书，距隋已隔许多朝代。在这里我们第一次见到隋文帝建塔藏舍利的历史与天宁寺塔串在一起的记载。据文中所述高十三寻缀铎的塔，颇似今存之塔，但这高十三寻缀铎的塔，是否即隋文帝所建，则仍无根据。此书行世在明末，由隋至明这千年之间，除唐以外，辽金元对此塔既无记载，隋文帝之塔，本可几经建造而不为此明末作者所识。且六朝及早唐之塔，据我们所知道的，如《洛阳伽蓝记》所述之"胡太后塔"，及日本现存之京都法隆寺塔，均是木构[①]。且我们所见的邓州大兴国寺，仁寿二年的舍利宝塔下铭，铭石圆形，亦像是埋在木塔之"塔心柱"下那块圆础下层石，这使我们疑心仁寿分布诸州之舍利塔均为隋时最普遍之木塔，这明末作者并不及见那木构原物，所谓十三寻缀铎的塔倒是今日的砖塔。至于开皇石幢，据《析津日记》（亦明人书）所载，则早已失所在。

（五）《析津日记》："寺在元魏为光林，在隋为宏业：在唐为天王，在金为大万安，宣德修之曰天宁，正统中修之曰万寿戒坛，名凡数易。访其碑记，开皇石幢已失所在即金元旧碣亦无片石矣。盖此寺本名宏业，而王元美谓幽州无宏业，刘同人谓天宁之先不为宏业，

---

① 日本现存之京都法隆寺塔，均是木构：日本京都法隆寺五重塔，乃"飞鸟"时代物，相当于我国隋代，其建造者乃由高丽东渡的匠师，其结构与《洛阳伽蓝记》中所述木塔及云岗石刻中的塔多符合。

皆考之不审也。”

《析津日记》与《帝京景物略》同为明人书，但其所载“天宁之先不为宏业？”及“考之不审也”这种疑问态度与《帝京景物略》之武断恰恰相反，且作者“访其碑记”要寻“金元旧碣”对于考据之慎重亦与《景物略》不同，这个记载实在值得注意。

（六）《陕志》：不知明代何时书，似乎较以上两书稍早。文中：“天王寺之更名天宁也，宣德十年事也；今塔下有碑勒更名敕，碑阴则正统十年刊行藏经敕也。碑后有尊胜陀罗尼石幢，辽重熙十七年五月立。”

此段记载，性质确实之外，还有个可注意之点，即辽重熙年号及刻有此年号之实物，在此轻轻提到，至少可以证明两桩事：（一）辽代对于此塔亦有过建设或增益；（二）此段历史完全不见记载，乃至于完全失传。

（七）《长安客话》：“寺当元末兵火荡尽；文皇在潜邸，命所司重修。姚广孝曾居焉。宣德间敕更今名。”这段所记“寺当元末兵火荡尽，”因下文重修及“姚广孝曾居焉”等语气，似乎所述仅限于寺院，不及于塔。如果塔亦荡尽，文皇（成祖）重修时岂不还要重建塔？如果真的文皇曾重建个大塔则作者对于此事当不止用“命所司重修”一句。且《长安客话》距元末，至少已两百年，兵火之后到底什么光景，那作者并不甚了了，他的注意处在夸扬文皇在潜邸重修的事耳。

（八）《冷然志》：书的时代既晚，长篇的描写对于塔的神话式来源又已取坚信态度，更不足凭信。不过这里认塔前有开皇幢，或为辽重熙幢之误。

关于天宁寺的文献，完全限于此种疑问式的短段记载。至于康熙乾隆长篇的碑文，虽然说得天花乱坠，对于天宁寺过去的历史，似乎非常明白，毫无疑问之处，但其所根据，也只是限于我们今日所知道的一把疑云般的不完全的文献材料，其确实性根本不能成立。且综以上文献看来，唐以后关于塔只有明末清初的记载，中间要紧的各朝代经过，除辽重熙立过石幢，金大定易名大万安禅寺外，并无一点记述，今塔的真实历史在文献上可以说并无把握。

文献资料既如上述的不完全，不可靠，我们唯有在形式上鉴定其年代。这种鉴别法，完全赖观察及比较工作所得的经验，如同鉴定字画金石陶瓷的年代及真伪一样，虽有许多为绝对的，且可以用文字笔墨形容之点，也有一些是较难，乃至不能言传的，只好等观者由经验去意会。

其可以言传之点，我们可以分作两大类去观察：（一）整个建筑物之形式（也可以说是图案之概念）；（二）建筑各部之手法或作风。

关于图案概念一点，我们可以分作平面及立面讨论。唐以前的塔，我们所知道的，平面差不多全作正方形。实物如西安大雁塔，小雁塔，玄奘塔，香积寺塔，嵩山永泰寺塔，及房山云居寺四个小石塔……河南山东无数唐代或以前高僧墓塔，如山东神通寺四门塔，灵岩寺法定塔，嵩山少林寺法玩塔……等等等等。刻绘如云冈，龙门石刻，敦煌壁画等等，平面都是作正方形的。我们所知的唯一的例外，在唐以前的，唯有嵩山嵩岳寺塔，平面作十二角形，这十二角形平面，不唯在唐以前是例外，就是在唐以后，也没有第二个，所以它是个例外之最特殊者，是中国建筑史中之独例。除此以外，则直到中唐或晚唐，方有非正方形平面的八角形塔出现，这个罕贵的遗物即嵩山会善寺净藏禅师塔。按禅师于天宝五年圆寂，这塔的兴建，绝不会在这年以前，这塔短稳古拙，亦是孤例，而比这塔还古的八角形平面塔，除去天宁寺——假设它是隋建的话——别处还未得见过。在我们今日，觉得塔的平面或作方形，或作多角形，没甚奇特。但是一个时代的作者，大多数跳不出他本时代盛行的作风或规律以外的——建筑物尤甚——所以生在塔平面作方形的时代，能做出一个平面不作方形的塔来，是极罕有的事。

至于立面方面我们请先看塔全个的轮廓之所以形成。天宁寺的塔，是在一个基坛之上立须弥座，须弥座上立极高的第一层，第一层以上有多层密而扁的檐的。这种第一层高，以上多层扁矮的塔，最古的例当然是那十二角形嵩山嵩岳寺塔，但除它而外，是须到唐开元以后才见有那类似的做法，如房山云居寺四小石塔。在初唐期间，砖塔的做法，多如大雁塔一类各层均等递减的。但是我们须注意，唐以前的这类上段多层密檐塔，不唯是平面全作方形而且第一层之下无须弥座等等雕饰，且上层各檐是用砖层层垒出，不施斗拱，其所呈的外表，完全是两样的。

所以由平面及轮廓看来，竟可证明天宁寺塔为隋代所建之绝不可能，因为唐以前的建筑师就根本没有这种塔的观念。

至于建筑各部的手法作风，则更可以辅助着图案概念方面不足的证据，而且往往更可靠，更易于鉴别。我们不妨详细将这塔的每个部分提出审查。

建筑各部构材，在中国建筑中占位置最重要的，莫过于斗拱。斗拱演变的沿革，差不多就可以说是中国建筑结构法演变史。在看多了的人，差不多只需一看斗拱，对一座建筑物的年代，便有七八分把握。建筑物之用斗拱，据我们所知道的，是由简而繁。砖塔石塔最古的例如北周神通寺四门塔及东魏嵩岳寺十二角十五层塔，都没有斗拱。次古的如西安大雁塔及香积寺砖塔，皆属初唐物，只用斗而无拱。与之略同时或略后者如西安兴教寺玄奘塔，则用简单的一斗三升交蚂蚱头在柱头上。直至会善寺净藏塔，我们始得见简单人字拱的补间铺作。神通寺龙虎塔建于唐末，只用双杪偷心华拱。真正用砖石来完全模仿成朵复杂的斗拱的，至五代宋初始见，其中便是如我们所见的许多“天宁式”塔。此中年代确实的有辽天庆七年的房山云居寺南塔，金大定二十五年的正定临济寺青塔，辽道宗太康六年（公元1079年）的涿县普寿寺塔，见本刊本期刘士能先生《河北省西部古建筑调查记略》，还有蓟县白塔，等等。在那时候还有许多砖塔的斗拱是木质的，如杭州雷峰塔、保塔、六和塔等等。

天宁寺塔的斗拱，最下层平坐，用华拱两跳偷心，补间铺作多至三朵。主要的第一层，斗拱出两跳华拱，角柱上的转角铺作，在太斗之旁，有附角斗，补间铺作一朵，用四十五度斜拱。这两个特点，都与大同善化寺金代的三圣殿相同。第二层以上，则每面用补间铺作两朵；补间铺作之繁重，亦与转角铺作相埒，都是出华拱两跳，第二跳偷心的。就我们所知，唐以前的建筑，不唯没有用补间铺作两朵的，而且虽用一朵，亦只极简单，纯处于辅材的地位的直斗或人字拱等而已。就斗拱看来，这塔是绝对不能早过辽宋时代的。

承托斗拱的柱额，亦极清楚的表示它的年代。我们只需一看年代确定的唐塔或六朝塔，凡是用依柱的，如嵩岳寺塔，玄奘塔，净藏塔，都用八角形（或六角？）柱，虽然有一两个用扁柱的，如大雁塔，却是显然不模仿圆或角柱形。圆形倚柱之用在砖塔，唐以前虽然不能定其必没有，而唐以后始盛行。天宁寺塔的柱，是圆的。这圆柱之上，有额枋，额枋在角柱上出头处，斫齐如辽建中所常见，蓟县独乐寺，大同下华岩寺都有如此的做法。额枋上的普拍枋，更令人疑它年代之不能很古，因为唐以前的建筑，十之八九不用普拍枋，上文所举之许多例，率皆如此。但自宋辽以后，普拍枋已占了重要位置。这额枋与普拍枋，虽非绝对证据，但亦表示结构是辽金以后而又早于元时的极高可能性。

在天宁寺塔的四正面有圆拱门，四隅面有直棂窗。这诚然都是古制，尤其直棂窗，那是宋以后所少用。但是圆门券上，不用火焰形券饰，与大多数唐代及以前佛教遗物异其趣旨。虽然，其上浮雕璎珞宝盖略作火焰形，疑原物或照古制，为重修时所改。至于门扇上的菱花格棂，则尤非宋以前所曾见，唐五代砖石各塔的门及敦煌画壁中我们所见的都是钉门钉的板门。

栏杆的做法，又予我们以一个更狭的年代范围。现在常见的明清栏杆，都是每两栏板之间立一望柱的。宋元以前，只在每面转角处立望柱而“寻杖”特长。天宁寺塔便是如此，这可以证明它是明代以前的形制。这种的栏杆，均用斗子蜀柱[1]。分隔各栏板，不用明清式的荷叶墩。我们所知道的辽金塔，斗子蜀柱都做得非常清

① 这种的栏杆，均用斗子蜀柱：每段栏杆之两端小柱，高出栏杆者称望柱，栏杆最上一条模木称寻杖。在寻杖以下部分名栏板，栏板之小柱称蜀柱。隔于栏板及寻杖之间之斗称斗子，明清以后无此制。

楚，但这塔已将原形失去，斗子与柱之间，只马马虎虎的用两道线条表示，想是后世重修时所改。至于栏板上的几何形花纹，已不用六朝隋唐所必用的特种拱字纹，而代以较复杂者。与蓟县独乐寺观音阁内栏板及大同华岩寺壁藏上栏板相同。凡此种种，莫不倾向着辽金原形而又经明清重修的表示。

平坐斗拱之下，更有间柱及壶门。间柱的位置，与斗拱不相对，其上力神像当在下文讨论。壶门的形式及其起线，软弱柔圆，不必说没有丝毫六朝刚强的劲儿，就是与我们所习见的宋代扁桃式壶门也还比不上其健稳。我们的推论，也以为是明清重修的结果。

至于承托这整个塔的须弥座，则上枋之下用枭混而我们所见过的须弥座，自云岗龙门以至辽宋遗物，无一不是层层方角叠出，间或用四十五度斜角线者。枭混之用，最早也过不了五代末期，若说到隋，那更是绝不可能的事。

关于雕刻，在第一主层上，夹门立天王，夹窗立菩萨，窗上有飞天，只要将中国历代雕刻遗物略看一遍，便可定其大略的年代。由北魏到隋唐的佛像飞天，到宋辽塑像画壁，到元明清塑刻，刀法笔意及布局姿势，莫不清清楚楚的可以顺着源流鉴别的。若与隋唐的比较，则山东青州云门山，山西天龙山，河南龙门，都有不少的石刻。这些相距千里的约略同时的遗作，都有几个或许多共同之点，而绝非天宁寺塔像所有。近来有人竟说塔中造像含有犍陀罗风，其实隋代石刻，虽在中国佛教美术中算是较早期的作品，但已将南北朝时所含的犍陀罗风味摆脱得一干二净，而自成一种淳朴古拙的气息。而天宁寺塔上更是绝没有犍陀罗风味的。

至于平坐以下的力神，狮子，和垫拱板上的卷草西番莲一类的花纹，我想勉强说它是辽金的作品，还不甚够资格，恐怕仍是经过明清照原样修补的，虽然各像衣褶，仍较清全盛时单纯静美，无后代繁褥云朵及俗气逼人的飘带。但窗棂上部之飞仙已类似后来常见之童子，与隋唐那些脱尽人间烟火气的飞天，不能混作一谈。

综上所述，我们可以断定天宁寺塔绝对绝对不是隋宏业寺的原塔。而在年代确定的砖塔中，有房山云居寺辽代南塔与之最相似，此外涿县普寿寺辽塔及确为辽金而年代未经记明的塔如云居寺北塔，通州塔及辽宁境内许多的砖塔，式样手法都与之相仿佛。正定临济寺金大定二十五年的青塔也与之相似，但较之稍清秀。

与之采同式而年代较后者有安阳天宁寺八角五层砖塔，虽无正确的文献纪其年代，但是各部作风纯是元明以后法式。北平八里庄慈寿寺塔，建于明万历四年，据说是仿照天宁寺塔建筑的，但是细查其各部，则斗拱，檐椽，格棂，如意头，莲瓣，栏杆（望柱极密），平坐，枭混，圭脚，——由顶至踵，无一不是明清官式则例。

所以天宁寺塔之年代，在这许多类似砖塔中比较起来，我们可暂时假定它与云居寺南塔时代约略相同，是辽末（十二世纪初期）的作品，较之细瘦之通州塔及正定临济寺青塔稍早，而其细部则有极晚之重修。在未得到文献方面更确实证据之前，我们仅能如此鉴定了。

我们希望“从事美术”的同志们，对于史料之选择及鉴别，须十分慎重，对于实物制度作风之认识尤绝不可少，单凭一座乾隆碑，追述往事，便认为确实史料，则未免太不认真，以前的皇帝考古家尽可以自由浪漫的记述，在民国二十四年以后一个老百姓美术家说句话都得负得起责任的。

最后我们要向天宁寺塔赔罪，因为急于辩证它的建造年代，我们竟不及提到塔之现状，其美丽处，如其隆重的权衡，淳和的色斑，及其他细部上许多意外的美点，不过无论如何天宁寺塔也绝不会因其建造时代之被证实，而减损其本身任何的价值的。喜欢写生者只要不以隋代古建，唐人作风目之，误会宣传此塔之古，则当仍是写生的极好题材。

晋汾古建筑预查纪略①

去夏乘暑假之便，作晋汾之游。汾阳城外峪道河，为山右绝好消夏的去处；地据白彪山麓，因神头有“马跑神泉”，自从宋太宗的骏骑蹄下踢出甘泉，救了干渴的三军，这泉水便没有停流过，千年来为沿溪数十家磨坊供给原动力，直至电气磨机在平遥创立了山西面粉业的中心，这源源清流始闲散的单剩曲折的画意。辘辘轮声既然消寂下来，而空静的磨坊，便也成了许多洋人避暑的别墅。

说起来中国人避暑的地方，哪一处不是洋人开的天地，北戴河，牯岭，莫干山……所以峪道河也不是例外。其实去年在峪道河避暑的，除去一位娶英籍太太的教授和我们外，全体都是山西内地传教的洋人，还不能说是中国人避暑的地方呢。在那短短的十几天，令人大有“人何寥落”之感。

以汾阳峪道河为根据，我们曾向邻近诸县作了多次的旅行，计停留过八县地方，为太原，文水，汾阳，孝义，介休，零石，霍县，赵城，其中介休至赵城间三百余里，因同蒲铁路正在炸山兴筑，公路多段被毁，故大半竟至徒步，滋味尤为浓厚。餐风宿雨，两周艰苦简陋的生活，与寻常都市相较，至少有两世纪的分别。我们所参诣的古构，不下三四十处，元明遗物，随地遇见，现在仅择要纪述。

---

① 发表于《中国营造学社汇刊》第 5 卷第 5 期，由梁思成、林徽因合撰。

［汾阳县峪道河龙天庙］

在我们住处，峪道河的两壁山崖上，有几处小小庙宇。东崖上的实际寺，以风景幽胜著名。神头的龙王庙，因马跑泉享受了千年的烟火，正殿前有拓黑了的宋碑，为这年代的保证，这碑也就是庙里唯一的“古物”。西岩上南头有一座关帝庙，几经修建，式样混杂，别有趣味。北头一座龙天庙，虽然在年代或结构上并无可以惊人之处，但秀整不俗，我们却可以当它作山西南部小庙宇的代表作品。

龙天庙在西岩上，庙南向，其东边立面，厢庑后背，钟楼及围墙，成一长线剪影，隔溪居高临下，隐约白杨间。在斜阳掩映之中，最能引起沿溪行人的兴趣。山西庙宇的远景，无论大小都有两个特征：一是立体的组织，权衡俊美，各部参差高下，大小相依附，从任何视点望去均恰到好处；一是在山西，砖筑或石砌物，斑彩淳和，多带红黄色，在日光里与山冈原野同醉，浓艳夺人，尤其是在夕阳西下时，砖石如染，远近殷红映照，绮丽特甚。在这两点上，龙天庙亦非例外。谷中外人三十年来不识其名，但据这种印象，称这庙做“落日庙”并非无因的。

庙周围土坡上下有盘旋小路，坡孤立如岛，远距村落人家。庙前本有一片松柏，现时只剩一老松，孤傲耸立，缄默如同守卫将士。庙门镇日闭锁，少有开时，苟遇一老人耕作门外，则可暂借锁钥，随意出入；本来这一带地方多是道不拾遗，夜不闭户的，所谓锁钥亦只余一条铁钉及一种形式上的保管手续而已。这现象竟亦可代表山西内地其他许多大小庙宇的保管情形。

庙中空无一人，蔓草晚照，伴着殿庑石级，静穆神秘，如在画中。两厢为“窑”，上平顶，有砖级可登，天晴日美时，周围风景全可入览。此带山势和缓，平趋连接汾河东西区域；远望绵山峰峦，竟似天外烟霞，但傍晚时，默立高处，实不竟古原夕阳之感。近山各处全是赤土山级，层层平削，像是出自人工；农民多辟洞“穴居”耕种其上。麦黍赤土，红绿相间成横层，每级土崖上所辟各穴，远望似平列桥洞，景物自成一种特殊风趣。沿溪白杨丛中，点缀土筑平屋小院及磨坊，更显错落可爱。

龙天庙的平面布置南北中线甚长，南面围墙上辟山门。门内无照壁，却为戏楼背面。山西中部南部我们所见的庙宇多附属戏楼，在平面布置上没有向外伸出的舞台。楼下部实心基坛，上部三面墙壁，一面开敞，向着正殿，即为戏台。台正中有山柱一列，预备挂上帷幕可分成前后台。楼左阙门，有石级十余可上下。在龙天庙里，这座戏楼正堵截山门入口处成一大照壁。

转过戏楼，院落甚深，楼之北，左右为钟鼓楼，中间有小小牌楼，庭院在此也高起两三级划入正院。院北为正殿，左右厢房为砖砌窑屋各三间，前有廊檐，旁有砖级，可登屋顶。山西乡间穴居仍盛行，民居喜砌砖为窑（即券洞），庙宇两厢亦多砌窑以供僧侣居住。窑顶平台均可从窑外梯级上下。此点酷似墨西哥红印人之叠层土屋，有立体堆垒组织之美。钟鼓楼也以发券的窑为下层台基，上立木造方亭，台基外亦设砖级，依附基墙，可登方亭。全建筑物以砖造部分为主，与他省木架钟鼓楼异其风趣。

正殿前廊外尚有一座开敞的过厅，紧接廊前称“献食棚”。这个结构实是一座卷棚式过廊，两山有墙而前后檐柱间开敞，没有装修及墙壁。它的功用则在名义上已很明了，不用赘释了。在别省称祭堂或前殿的，与正殿都有相当的距离，而且不是开敞的，这献食棚实是祭堂的另一种有趣的做法。

龙天庙里的主要建筑物为正殿。殿三间，前出廊，内供龙天及夫人像。按廊下清乾隆十二年碑说：

龙天者，介休令贯侯也。公讳浑，晋惠帝永兴元年，刘元海……攻陷介休，公……死而守节，不愧青天。后人……故建庙崇祀，……像神立祠，盖自此始矣……

这座小小正殿，“前廊后无廊”，本为山西常见的做法，前廊檐下用硕大的斗拱，后檐却用极小，乃至不用斗拱，将前后不均齐的配置完全表现在外面，是河北省所不经见的，尤其是在旁面看其所呈现象，颇为奇特。

至于这殿，按乾隆十二年“重增修龙天庙碑记”说：

按正殿上梁所志系元季丁亥元顺帝至正七年（公元 1347年）重建。正殿三小间，献食棚一间，东西厦窑二眼，殿旁两小房二间，乐楼三间。……鸠工改修，计正殿三大间，献食棚三间，东西窑六眼，殿旁东西房六间，大门洞一座……零余银备异日牌楼钟鼓楼之费……

所以我们知道龙天庙的建筑，虽然曾经重建于元季，但是现在所见，竟全是乾、嘉增修的新构。

殿的构架，由大木上说，是悬山造，因为各檩头皆伸出到柱中线以外甚远；但是由外表上看，却似硬山造，因为山墙不在山柱中线上，而向外移出，以封护檩头。这种做法亦为清代官式建筑所无。

这殿前檐的斗拱，权衡甚大，斗拱之高，约及柱高之四分之一；斗拱之布置，亦极疏朗，当心间用补间铺作一朵，次间不用。

当心间左右两柱头并补间铺作均用四十五度斜拱。柱身微有卷杀：阑额为月梁式；普拍枋宽过阑额。这许多特征，在河北省内唯在宋元以前建筑乃得见；但在山西，明末清初比比皆是，但细查各拱头的雕饰，则光怪陆离，绝无古代沉静的气味；两平柱上的丁头拱（清称雀替），且刻成龙头象头等形状。

殿内梁架所用梁的断面，亦较小于清代官式的规定，且所用驼峰，替木，叉手，等等结构部分，都保留下古代的做法，而在清式中所不见的。

全殿最古的部分是正殿匾牌。这牌的牌首，牌带，牌舌，皆极奇特，与古今定制都不同，不知是否原物，虽然牌面的年代是确无可疑的。

[汾阳县　大相村　崇胜寺]

由太原至汾阳公路上，将到汾阳时，便可望见路东南百余米处，耸起一座庞大的殿宇，出檐深远，四角用砖筑立柱支着，引人注意。由大殿之东，进村之北门，沿寺东墙外南行颇远，始到寺门。寺规模宏敞，连山门一共六进。山门之内为天王门，天王门内左右为钟鼓楼，后为天王殿，天王殿之后为前殿，正殿（毗卢殿）及后殿（七佛殿）。除去第一进院之外，每院都有左右厢，在平面布置上，完全是明清以后的式样，而在构架上，则差不多各进都有不同的特征，明初至清末各种的式样都有代表“列席”。在建筑本身以外，正殿廊前放着一造像碑，为北齐天保三年物。

天王殿正中弘治元年（公元 1488年）碑说：

大相里横枕卜山之下……古来舍刹稽自大齐天保三年（公元 552年），大元延祐四年（公元 1317年），……奉敕建立后殿，增饰慈尊，额题崇胜禅寺，于是而渐成规模，……大明宣德庚戌五年（公元 1430年），功竖中殿，廊庑翼如；周植树千本。……大明成化乙未十一年（公元 1475年），……构造天王殿，伽蓝宇祠，堂室俱备……

按现在情形看，天王殿与中殿之间，尚有前殿，天王殿前尚有钟楼鼓楼，为碑文中所未及。而所“植树千本”，则一根也不存在了。

山门三间，最平淡无奇；檐下用一斗三升斗拱，权衡甚小，但布置尚疏朗。

天王门三间，左右挟以斜照壁及掖门。斗拱权衡颇大，布置亦疏朗，每间用补间铺作二朵，角柱微生起，乍看确有古风。但是各拱昂头上过甚的雕饰，立刻表示其较晚的年代。天王门内部梁架都用月梁。但因前后廊子均异常的浅隘，故前后檐部斗拱的布置都有特别的结构，成为一个有趣的断面；前面用两列斗拱，高下不同，上下亦不相列，后檐却用垂莲柱，使檐部伸出墙外。

钟鼓楼天王门之后，左右为钟鼓楼，其中钟楼结构精巧，前有抱厦，顶用十字脊，山花向前，甚为奇特。

天王殿五间，即成化十一年所建，弘治元年碑，就立在殿之正中；天王像四尊，坐在东西梢间内。斗拱颇大，当心间用补间铺作两朵，次梢间用一朵，雄壮有古风。

前殿五间，大概是崇胜寺最新的建筑物，斗拱用品字式，上交托角替，垫拱板前罗列着全副博古，雕工精细异常，不唯是太琐碎了，而且是违反一切好建筑上结构及雕饰两方面的常规的。

前殿的东西配殿各三间，亦有几处值得注意之点。在横断面上，前后是不均齐的；如峪道河龙天庙正殿一样，“前廊后无廊”，而前廊用极大的斗拱，后廊用小斗拱，使侧面呈不均齐象。斗拱布置亦疏朗，每间用补间铺作一朵。出跳虽只一跳，在昂下及泥道拱下，却用替木式的短拱实拍承托，如大同华严寺海会殿及应县木塔顶层所见；但在此短拱拱头，又以极薄小之翼形拱相交，都是他处所未见。最奇特的乃在阑额与柱头的联接法，将阑额两端斫去一部，使额之上部托在柱头之上，下部与柱相交，是以一构材而兼阑额及普拍枋两者的功用的。阑额之下，托以较小的枋，长尽梢间，而在当心间插出柱头作角替，也许是《营造法式》卷五所谓“绰幕方”一类的东西。

正殿（毗卢殿）大概是崇胜寺内最古的结构，明弘治元年碑所载建于宣德庚戌五年（公元 1430年）的中殿即指此。殿是硬山造，“前廊后无廊”，前檐用硕大的斗拱，前后亦不均齐。斗拱布置，每间只用补间铺作一朵。前后各出两跳，单抄单下昂，重拱造，昂尾斜上，以承上一缝槫。当心间补间铺作用四十五度斜拱。阑额甚小，上有很宽的普拍枋，一切尚如古制。当心间两柱，八角形，这种柱常见于六朝隋唐的砖塔及石刻，但用木的，这是我们所得见唯一的例。檐出颇远，但只用椽而无飞椽，在这种大的建筑物上还是初见。

前廊西端立北齐天保三年任敬志等造像碑，碑阳造像两层，各刻一佛二菩萨，额亦刻佛一尊。上层龛左右刻天王，略像龙门两大天王。座下刻狮子二：碑头刻蟠龙，都是极品，底下刻字则更劲古可爱。可惜佛面已毁，碑阴字迹亦见剥落了。清初顾亭林到汾访此碑，见先生《金石文字记》。

最后为七佛殿七间，是寺内最大的建筑物，在公路上可以望见。按明万历二十年《增修崇胜寺记》碑，乃“以万历十二年动工，至二十年落成”。无疑的这座晚明结构已替换了“大元元祐四年”的原建，在全部权衡上，这座明建尚保存着许多古代的美德；例如斗拱疏朗，出檐深远，尚表现一些雄壮气概。但各部本身，则尽雕饰之能事。外檐斗拱，上昂嘴特多，弯曲已甚；耍头上雕饰细巧；替木两端的花纹盘缠；阑额下更有龙形的角替；且金柱内额上斗拱坐斗之剔空花，竟将荷载之集中点（主要的建筑部分），作成脆弱的纤巧的花样；匠人弄巧，害及好建筑，以至如此，实令人怅然。虽然在雕工上看来，这些都是精妙绝伦的技艺，可惜太不得其道，以建筑物作卖技之场，结果因小失大，这巍峨大殿，在美术上竟要永远蒙耻低头。

七佛殿格扇上花心，精巧异常，为一种菱花与球纹混合的花样，在装饰图案上，实是登峰造极的，殿顶的脊饰，是山西所常见的普通做法。

[汾阳县　杏花村　国宁寺]

杏花村是做汾酒的古村，离汾阳甚近。国宁寺大殿，由公路上可以望见。殿重檐，上檐檐椽毁损一部，露出橑檐枋及阑额，远望似唐代刻画中所见双层额枋的建筑，故引起我们绝大的兴趣及希望，及到近前才知道是一片极大的寺址中仅剩的、一座极不规矩的正殿；前檐倾圮，檐檩暴落，竟给人以奢侈的误会。廊下乾隆二十八年碑说：“敕赐于唐贞观，重建于宋，历修于明代。”现存建筑大约是明时重建的。

在山西明代建筑甚多，形形色色，式样各异，斗拱布置或仍古制，或变换纤巧，陆离光怪，几不若以建筑规制论之。大殿的平面布置几成方形，重檐金柱的分间，与外檐柱及内柱不相排列。而在结构方面，此殿做法很奇特，内部梁架，两山将采步金梁经过复杂勾结的斗拱，放在顺梁上，而采步金上，又承托两山顺扒梁（或大昂尾），法式新异，未见于他处。

至于下檐前面的斗拱，不安在柱头上，致使柱上空虚，做法错谬，大大违反结构原则，在老建筑上是甚少有的。

[文水县　开栅镇　圣母庙]

开栅镇并不在公路上，由大路东转沿着山势，微微向下曲折，因为有溪流，有大树，庙宇村巷全都隐藏，不易即见。庙门规模甚大，丹青剥落。院内古树合抱，浓荫四布，气味严肃之极。建筑物除北首正殿，南首乐楼，巍峨对峙外，尚有东西两堂，皆南向与正殿并列，雅有古风；廊庑，碑碣，钟楼，偏院，给人以浪漫印象较他庙为深，尤其是因正殿屋顶歇山向前，玲珑古制，如展看画里楼阁。屋顶歇山，山面向前，是宋代极普通的式制，在日本至今还用得很普遍，然而在中国，由明以后，除去城角楼外，这种做法已不多见。正定隆兴寺摩尼殿，是这种做法的，且由其他结构部分看去，我们知道它是宋初物。据我们所见过其他建筑歇山向前的，共有元代庙宇两处，均在正定。此外即在文水开栅镇圣母庙正殿又得见之。

殿平面作凸字形，后部为正方形殿三间，屋顶悬山造，前有抱厦，进深与后部同，面阔则较之稍狭，屋顶歇山造，山面向前。

后部斗拱，单昂出一跳，抱厦则重昂出两跳，布置极疏朗，补间仅一朵。昂并没有挑起的后尾，但斗拱在结构上还是有绝对的机能。耍头之上，撑头木伸出，刻略如麻叶云头，这可说是后来清式桃尖梁头之开始。前面歇山部分的构架，榑枋全承在斗拱之上，结构精密，堪称上品。正定阳和楼前关帝庙的构架和斗拱，与此多有相同的特征。但此处内部木料非常粗糙，呈简陋印象。

抱厦正面骤见虽似三间，但实只一间，有角柱而无平柱，而代之以槏柱（或称抱框），额枋是长同通面阔的。额枋的用法正面与侧面略异，亦是应注意之点，侧面额枋之上用普拍枋，而正面则不用；正面额枋之高度，与侧面额枋及普拍枋之总高度相同，这也是少见的做法。

至于这殿的年代，在正面梢间壁上有元至元二十年（公元 1283 年）嵌石，刻文说：

“夫庙者元近西溪，未知何代，……后于此方要修其庙，……梁书万岁大汉之时，天会十年季春之月……今者石匠张莹，嗟岁月之弥深，睹栋梁之抽换，……恐后无闻，发愿刻碑……”

刻石如是。由形制上看来，殿宇必建于明以前，且因与正定关帝庙相同之点甚多，当可断定其为元代物。

圣母庙在平面布置上有一特殊值得注意之点。在正殿之东西，各有殿三间，南向，与正殿并列，尚存魏晋六朝东西堂之制。关于此点，刘敦桢先生在本刊五卷二期已申论得很清楚，不必在此赘述了。

［文水县　文庙］

文水县，县城周整，文庙建筑亦宏大出人意外。院正中泮池，两边廊庑，碑石栏杆，围衬大成门及后殿，壮丽较之都邑文庙有过无不及；但建筑本身分析起来，颇多弱点，仅为山西中部清以后虚有其表的代表作之一种。庙里最古的碑记，有宋元符三年的县学进士碑，元明历代重修碑也不少。就形制看来，现在殿宇大概都是清以后所重建。

正殿，开间狭而柱高，外观似欠舒适。柱头上用阑额和由额，二者之间用由额垫板，间以“荷叶墩”，阑额之上又用肥厚的普拍枋，这四层构材，本来阑额为主，其他为辅，但此处则全一样大小，使宾主不分，极不合结构原则。斗拱不甚大，每间只用补间铺作一朵。坐斗下面，托以“皿板”刻作古玩座形，当亦是当地匠人，纤细弄巧做法之一种表现。斗拱外出两跳华拱，无昂，但后尾却有挑杆，大概是由耍头及撑头木引上。两山柱头铺作承托顺扒梁外端，内端坦然放在大梁上却倒率直。

戟门三间，大略与大成殿同时。斗拱前出两跳，单抄单下昂，正心用重拱，第一跳单拱上施替木承罗汉枋，第二跳不用拱，跳头直接承托替木，以承挑檐枋及檐桁，也是少见的做法。转角铺作不用中昂，也不用角神或宝瓶，只用多跳的实拍拱（或絜），层层伸出，以承角梁，这做法不止新颖，且较其他常见的尚为合理。

[汾阳县　小相村　灵岩寺]

小相村与大相村一样在汾阳文水之间的公路旁，但大相村在路东，而小相村却在路西，且离汾阳亦较远。灵岩寺在山坡上，远在村后，一塔秀挺，楼阁巍然，殿瓦琉璃，辉映闪烁夕阳中，望去易知为明清物，但景物婉丽可人，不容过路人弃置不睬。

离开公路，沿土路行可四五里达村前门楼。楼跨土城上，下圆券洞门，一如其他山西所见村落。村内一路贯全村前后，雨后泥泞崎岖，难同入蜀，愈行愈疲，愈觉灵岩寺之远，始悟汾阳一带，平原楼阁远望转近，不易用印象来计算距离的。及到寺前，残破中虽仅存在山门券洞，但寺址之大，一望而知。

进门只见瓦砾土丘，满目荒凉，中间天王殿遗址，隆起如冢，气象皇堂。道中所见砖塔及重楼，尚落后甚远，更进又一土丘，当为原来前殿——中间露天趺坐两铁佛，中挟一无像大莲座；斜阳一瞥，奇趣动人，行人倦旅，至此几顿生妙悟，进入新境。再后当为正殿址，背景里楼塔愈迫近，更有铁佛三尊，趺坐慈静如前，东首一尊且低头前伛，现悯恻垂注之情。此时远山晚晴，天空如宇，两址反不殿而殿，严肃丽都，不藉梁栋丹青，朝拜者亦更沉默虔敬，不由自主了。

铁像有明正德年号，铸工极精，前殿正中一尊已倾欹坐地下，半埋入土，塑工清秀，在明代佛像中可称上品。

灵岩寺各殿本皆发券窑洞建筑，砖砌券洞繁复相接，如古罗马遗建，由断墙土丘上边下望，正殿偏西，残窑多眼尚存。更像隧道密室相关连，有阴森之气，微觉可怕，中间多停棺柩，外砌砖檄，印象亦略如罗马石棺，在木造建筑的中国里探访遗迹，极少有此经验的。券洞中一处，尚存券底画壁，颜色鲜好，画工精美，当为明代遗物。

砖塔在正殿之后，建于明嘉靖二十八年。这塔可作晋冀两省一种晚明砖塔的代表。

砖塔之后，有砖砌小城，由旁面小门入方城内，别有天地，楼阁廊舍，尚极完整，但阒无人声，院内荒芜，野草丛生，幽静如梦；与“城”以外的堂皇残址，露坐铁佛，风味迥殊。

这院内左右配殿各窑五眼，窑筑巩固，背面向外，即为所见小城墙。殿中各余明刻木像一尊。北面有基窑七眼，上建楼殿七大间，即远望巍然有琉璃瓦者。两旁更有簃楼，石级露台曲折，可从窑外登小阁，转入正楼。夕阳落漠，淡影随人转移，处处是诗情画趣，一时记忆几不及于建筑结构形状。

下楼徘徊在东西配殿廊下看读碑文，在荆棘拥护之中，得朱之俊崇祯年间碑，碑文叙述水陆楼的建造原始甚详。

朱之俊自述：“夜宿寺中，俄梦散步院落，仰视左右，有楼翼然，赫辉壮观，若新成形……觉而异焉，质明举似普门师，师为余言水陆阁像，颇与梦合。余因征水陆缘起，慨然首事……”

各处尚存碑碣多座，叙述寺已往的盛史。唯有现在破烂的情形，及其原因，在碑上是找不出来的。

正在留恋中，老村人好事进来，打断我们的沉思，开始问答，告诉我们这寺最后的一页惨史。据说是光绪二十六年替换村长时，新旧两长各竖一帜，怂恿村人械斗，将寺拆毁。数日间竟成一片瓦砾之场，触目伤心；现在全寺余此一院楼厢，及院外一塔而已。

［孝义县　吴屯村　东岳庙］

由汾阳出发南行，本来可雇教会汽车到介休，由介休改乘公共汽车到霍州赵城等县。但大雨之后，道路泥泞，且同蒲路正在炸山筑路，公共汽车道多段已拆毁不能通行，沿途跋涉露宿，大部竟以徒步得达。

我们曾因道阻留于孝义城外吴屯村，夜宿村东门东岳庙正殿廊下；庙本甚小，仅余一院一殿，正殿结构奇特，屋顶的繁复做法，是我们在山西所见的庙宇中最已甚的。小殿向着东门，在田野中间镇座，好像乡间新娘，满头花钿，正要回门的神气。

庙院平铺砖块，填筑甚高，围墙矮短如栏杆，因墙外地洼，用不着高墙围护；三面风景，一面城楼，地方亦极别致。庙厢已作乡间学校，但仅在日中授课，顽童日出即到，落暮始散。夜里仅一老人看守，闻说日间亦是教员，薪金每年得二十金而已。

院略为方形，殿在院正中，平面则为正方形，前加浅隘的抱厦。两旁有斜照壁，殿身屋顶是歇山造；抱厦亦然，但山面向前，与开栅圣母正殿极相似，但因前为抱厦，全顶呈繁乱状，加以装饰物，愈富缛不堪设想。这殿的斗拱甚为奇特，其全朵的权衡，为普通斗拱的所不常有，因为横拱——尤其是泥道拱及其慢拱——甚短，以致斗拱的轮廓耸峻，呈高瘦状。殿深一间，用补间斗拱三朵。抱厦较殿身稍狭，用补间铺作一朵，各层出四十五度斜昂。昂嘴纤弱，入颇深。各斗拱上的耍头，厚只及材之半，刻作霸王拳，劣匠弄巧的弊病，在在可见。

侧面阑额之下，在柱头外用角替，而不用由额，这角替外一头伸出柱外，托阑额头下，方整无饰，这种做法无意中巧合力学原则，倒是罕贵的一例。檐部用椽子一层，并无飞椽，亦奇。但建造年月不易断定。我们夜宿廊下，仰首静观檐底黑影，看凉月出没云底，星斗时现时隐，人工自然，悠然融合入梦，滋味深长。

[霍县　太清观]

以上所记，除大相村崇胜寺规模宏大及圣母庙年代在明以前，结构适当外，其他建筑都不甚重要。霍州县城甚大，庙观多，县傀伟，登城楼上望眺，城外景物和城内嵯峨的殿宇对照，堪称壮观。以全城印象而论，我们所到各处，当无能出霍州右者。

霍县太清观在北门内，志称宋天圣二年，道人陶崇人建，元延祐三年道人陈泰师修。观建于土丘之上，高出两旁地面甚多，而且愈往后愈高，最后部庭院与城墙顶平，全部布局颇饶趣味。

观中现存建筑多明清以后物。唯有前殿，额曰："金阙玄元之殿"，最饶古趣。殿三间，悬山顶，立在很高的阶基上；前有月台，高如阶基。斗拱雄大，重拱重昂造，当心间用补间铺作两朵，梢间用一朵。柱头铺作上的耍头，已成桃尖梁头形式，但昂的宽度，却仍早制，未曾加大。想当是明初近乎官式的作品。这殿的檐部，也是不用飞椽的。

最后一殿，歇山重檐造，由形制上看来，恐是清中叶以后新建。

[霍县　文庙]

霍县文庙，建于元至元间，现在大门内还存元碑四座。由结构上看来，大概有许多座殿宇，还是元代遗构。在平面布置上，自大成门左右一直到后面，四周都有廊庑，显然是古代的制度。可惜现在全庙被划分两半，前半——大成殿以南——驻有军队，后半是一所小学校，前后并不通行，各分门户，与我们视察上许多不便。

前后各主要殿宇，在结构法上是一贯的。棂星门以内，便是大成门，门三间，屋顶悬山造。柱瘦高而额细，全部权衡颇高，尤其是因为柱之瘦长，颇类唐代壁画中所常视的现象。斗拱简单，单抄四铺作，令拱上施替木，以承橑檐槫。华拱之上施耍头，与令拱及慢拱相交，耍头后尾作头，承托在梁下；梁头也伸出到头之上，至为妥当合理。斗拱布置疏朗，每间只用补间铺作一朵，放在细长的阑额及其厚阔的普拍枋上。普拍枋出柱头处抹角斜割，与他处所见元代遗物刻海棠卷瓣者略同。中柱上亦用简单的斗拱，华拱上一材，前后出头以承大梁。左右两中柱间用柱头枋一材在慢拱上相联；这柱头枋在左右中柱上向梢间出头作蚂蚱头，并不通排山。大成门梁架用材轻爽经济，将本身的重量减轻，是极妥善的做法。我们所见檐部只用圆椽，其上无飞檐椽的，这又是一例。

大成殿亦三间，规模并不大。殿立在比例高耸的阶基上，前有月台；上用砖砌栏杆（这矮的月台上本是用不着的）。殿顶歇山造。全部权衡也是峻耸状。因柱子很高，故斗拱比例显得很小。

斗拱，单下昂四铺作，出一跳，昂头施令拱以承橑檐槫及枋。昂嘴势圆和，但转角铺作角昂及由昂，则较为纤长。昂尾单独一根斜挑下平槫下，结构异常简洁，也许稍嫌薄弱。斗拱布置疏朗，每间只用补间铺作一朵，三角形的垫拱版在这里竟成扁长形状。

歇山部分的构架，是用两层的丁栿，将山部托住。下层丁栿与阑额平，其上托斗拱。上层丁栿外端托在外檐斗拱之上，内端在金柱上，上托山部构架。

［霍县　东福昌寺］

祝圣寺原名东福昌寺，明万历间始改今名。唐贞观四年，僧清宣奉敕建。元延祐四年，僧圆琳重建，后改为霍山驿。明洪武十八年，仍建为寺。现时因与西福昌寺关系，俗称上寺下寺。就现存的建筑看，大概还多是元代的遗物。

东福昌寺诸建筑中，最值得注意的，莫过于正殿。殿七楹，斗拱疏朗，尤其在昂嘴的势上，富于元代的意味。殿顶结构，至为奇特。乍见是歇山顶，但是殿本身屋顶与其下围廊顶是不连续成一整片的，殿上盖悬山顶，而在周围廊上盖一面坡顶（围廊虽有转角绕殿左右，但止及殿左右朵殿前面为止）。上面悬山顶有它自己的勾滴，降一级将水泄到下面一面坡顶上。汉代遗物中，瓦顶有这种两坡做法，如高颐石阙及纽约博物馆藏汉明器，便是两个例，其中一个是四阿顶，一个是歇山顶。日本奈良法隆寺玉虫厨子，也用同式的顶。这种古式的结构，不意在此得见其遗制，是我们所极高兴的。关于这种屋顶，已在本刊五卷二期《汉代建筑式样与装饰》一文中详论，不必在此赘述。

在正殿左右为朵殿，这朵殿与正殿殿身，正殿围廊三部屋顶连接的结构法，至为妥善，在清式建筑中已不见这种智巧灵活的做法，官式规制更守住呆板办法删除特种变化的结构，殊可惜。

正殿阶基颇高，前有月台，阶基及月台角石上，均刻蟠龙，如《营造法式》石作之制；此例雕饰曾见于应县佛宫寺塔月台角石上。

可见此处建筑规制必早在辽明以前。

后殿由形制上看，大概与正殿同时，当心间补间铺作用斜拱斜昂，如大同善化寺金建三圣殿所见。

后殿前庭院正中，尚有唐代经幢一柱存在，经幢之旁，有北魏造像残石，用砖龛砌护。石原为五像，弥勒（？）正中坐，左右各二菩萨挟侍，惜残破不堪；左面二菩萨且已缺毁不存。弥勒垂足交胫坐，与云岗初期作品同，衣纹体态，无一非北魏初期的表征，古拙可喜。

［霍县　西福昌寺］

西福昌寺与东福昌寺在城内大街上东西相称。按《霍州志》，贞观四年，敕尉迟恭监造。初名普济寺。太宗以破宋老生于此，贞观三年，设建寺以树福田，济营魄。乃命虞世南，李百药，褚遂良，颜师古，岑文本，许敬宗，朱子奢等为碑文。可惜现时许多碑石，一件也没有存在的了。

现在正殿五间。左右朵殿三间，当属元明遗构。殿廊下金泰和二年碑，则称寺创自太平兴国三年。前廊檐柱尚有宋式覆盆柱础。

前殿三间，歇山造，形制较古，门上用两门簪，也是辽宋之制。殿内塑像，颇似大同善化寺诸像。惜过游时，天色已晚，细雨不辍，未得摄影。但在殿中摸索，燃火在什物尘垢之中，瞻望佛容而已。

全寺地势前低后高。庭院层层高起，亦如太清观，但跨院旧址尚广，断墙倒壁，老树荒草中，杂以民居，破落已极。

［霍县　火星圣母庙］

火星圣母庙在县北门内。这庙并不古，却颇有几处值得注意之点。在大门之内，左右厢房各三间，当心间支出垂花雨罩，新颖可爱，足供新设计参考采用。正殿及献食棚屋顶的结构，各部相互间的联络，在复杂中倒合理有趣。在平面的布置上，正殿三间，左右朵殿各一间，正殿前有廊三间，廓前为正方形献食棚，左右廊子各一间。这多数相连络殿廊的屋顶；正殿及朵殿悬山造，殿廊一面坡顶，较正殿顶低一级，略如东福昌寺大殿的做法。献食棚顶用十字脊，正面及左右歇山，后面脊延长，与一面坡相交；左右廊子则用卷棚悬山顶。全部联络法至为灵巧，非北平官式建筑物屋顶所能有。

献食棚前琉璃狮子一对，塑工至精，纹路秀丽，神气生猛，堪称上品。

东廊下明清碑碣及嵌石颇多。

［霍县　县政府大堂］

在霍县县政府的大堂的结构上，我们得见到滑稽绝伦的建筑独例。大堂前有抱厦，面阔三间。当心间阔而梢间稍狭，四柱之上，以极小的阑额相联，其上却托着一整根极大的普拍枋，将中国建筑传统的构材权衡完全颠倒。这还不足为奇；最荒谬的是这大普拍枋之上，承托斗拱七朵，朵与朵间都是等距离，而没有一朵是放在任何柱头之上，作者竟将斗拱在结构上之原义意，完全忘却，随便位置。斗拱位置不随立柱安排，除此一例外，唯在以善于作中国式建筑自命的慕菲氏所设计的南京金陵女子大学得又见之。

斗拱单昂四铺作，令拱与耍头相交，梁头放在耍头之上。补间铺作则将撑头木伸出于耍头之上，刻作麻叶云。令拱两散斗特大，两旁有卷耳，略如爱奥尼克（lonic）柱头形。中部几朵斗拱，大斗之下，用版块垫起，但其作用与皿版并不相同。阑额两端刻卷草纹，花样颇美。柱础宝装莲瓣覆盆，只分八瓣，雕工精到。

据壁上嵌石；元大德九年（公元1305年），某宗室“自明远郡（现地名待考）朝觐往返，霍郡适当其冲，虑郡廨隘陋”，所以增大重建。至于现存建筑物的做法及权衡，古今所无，年代殊难断定。

县府大门上斗拱华拱层层作卷瓣，也是违背常规的做法。

[霍县　北门外桥及铁牛]

北门桥上的铁牛，算是霍州一景，其实牛很平常，桥上栏杆则在建筑师的眼中，不但可算一景，简直可称一出喜剧。

桥五孔，是北方所常见的石桥，本无足怪。少见的是桥栏杆的雕刻，尤以望柱为甚。栏版的花纹，各个不同，或用莲花，如意，万字，钟，鼓等等纹样，刻工虽不精而布置尚可，可称粗枝大叶的石刻。至于望柱，柱头上的雕饰，则动植物，博古，几何形，无所不有，个个不同，没有重复，其中如猴子，人手，鼓，瓶，佛手，仙桃，葫芦，十六角形块，以及许多无名的怪形体，粗糙罗列，如同儿戏，无一不足，令人发笑。

至于铁牛，与我们曾见过无数的明代铁牛一样，笨蠢无生气，虽然相传为尉迟恭铸造，以制河保城的。牛日夜为村童骑坐抚摸，古色光润，自是当地一宝。

[赵城县　侯村　女娲庙]

由赵城县城上霍山，离城八里，路过侯村，离村三四里，已看见巍然高起的殿宇。女娲庙《志》称唐构，访谒时我们固是抱着很大的希望的。

庙的平面，地面深广，以正殿——娲皇殿——为中心，四周为廊屋，南面廊屋中部为二门，二门之外，左右仍为廊屋，南面为墙，正中辟山门，这样将庙分为内外两院。内院正殿居中，外院则有碑亭两座东西对立，印象宏大。这种是比较少见的平面布置。

按庙内宋开宝六年碑："乃于平阳故都，得女娲原庙重修，……南北百丈，东西九筵；雾罩檐楹，香飞户牖……"但《志》称天宝六年重修，也许是开宝六年之误。次古的有元至元十四年重修碑，此外明清两代重修或祀祭的碑碣无数。

现存的正殿五间，重檐歇山，额曰娲皇殿。柱高瘦而斗拱不甚大。上檐斗拱，重拱双下昂造，每间用补间铺作一朵；下檐单下昂，无补间铺作。就上檐斗拱看，柱头铺作的下昂，较补间铺作者稍宽，其上有颇大的梁头伸出，略具"桃尖"之形，下檐亦有梁头，但较小。就这点上看来，这殿的年代，恐不能早过元末明初。现在正脊桁下且尚大书崇祯年间重修的字样。

柱头间联络的阑额甚细小，上承宽厚的普拍枋。歇山部分的梁架，也似汾阳国宁寺所见，用斗拱在顺梁（或额）上承托采步金梁，因顺梁大小只同阑额，颇呈脆弱之状。这殿的彩画，尤其是内檐的，尚富古风，颇有《营造法式》彩画的意味。殿门上铁铸门钹，门钉铸工极精俊。

二门内偏东宋石经幢，全部权衡虽不算十分优美，但是各部的浮雕精绝，须弥座之上枋的佛迹图，正中刻城门，甚似敦煌壁画中所绘，左右图“太子”所见。中段覆盘，八面各刻狮像。上段仰莲座，各瓣均有精美花纹，其上刻花蕊。除大相村天保造像外，这经幢当为此行所见石刻中之最上妙品。

［赵城县　广胜寺下寺］

一年多以前，赵城宋版藏经之发现，轰动了学术界，广胜寺之名，已传遍全国了。国人只知藏经之可贵，而不知广胜寺建筑之珍奇。

广胜寺距赵城县城东南约四十里，据霍山南端。寺分上下两院，俗称“上寺”“下寺”。上寺在山上，下寺在山麓，相距里许（但是照当地乡人的说法，却是上山五里，下山一里）。

由赵城县出发，约经二十里平原，地势始渐高，此二十里虽说是平原，但多黏土平头小岗，路陷赤土谷中，蜿蜒出入，左右只见土崖及其上麦黍，头上一线蓝天，炎日当顶，极乏趣味。后二十里积渐坡斜，直上高冈，盘绕上下，既可前望山峦屏嶂，俯瞰田陇农舍，及又穿行几处山庄村落，中间小庙城楼，街巷里井，均极幽雅有画意，树亦渐多渐茂，古干有合抱的，底下必供着树神，留着香火的痕迹。山中甘泉至此已成溪，所经地域，妇人童子多在濯菜浣衣，利用天然。泉清如琉璃，常可见底，见之使人顿觉清凉，风景是越前进越妩媚可爱。

但快到广胜寺时，却又走到一片平原上，这平原浩荡辽阔乃是最高一座山脚的干河床，满地石片，几乎不毛，不过霍山如屏，晚照斜阳早已在望，气象仅开朗宏壮，现出北方风景的性格来。

因为我们向着正东，恰好对着广胜寺前行，可看其上下两院殿宇，及宝塔，附依着山侧，在夕阳渲染中闪烁辉映，直至日落。寺由山下望着虽近，我们却在暮霭中兼程一时许，至人困骡乏，始赶到下寺门前。

下寺据在山坡上，前低后高，规模并不甚大。前为山门三间，由兜峻的甬道可上。山门之内为前院，又上而达前殿。前殿五间，左右有钟鼓楼，紧贴在山墙上，楼下券洞可通行，即为前殿之左右掖门。前殿之后为后院，正殿七间居后面正中，左右有东西配殿。

山门　山门外观奇特，最饶古趣。屋盖歇山造，柱高，出檐远，主檐之下前后各有“垂花雨搭”，悬出檐柱以外，故前后面为重檐，侧面为单檐。主檐斗拱单抄单下昂造，重拱五铺作，外出两跳。下昂并不挑起。但侧面小柱上，则用双抄。泥道重拱之上，只施柱头枋一层，其上并无压槽枋。外第一跳重拱，第二跳令拱之上施替木以承挑檐槫。耍头斫作蚂蚱头形，斜面微，如大同各寺所见。

雨搭由檐柱挑出，悬柱上施阑额，普拍枋，其上斗拱单抄四铺作单拱造。悬柱下端截齐，并无雕饰。

殿身檐柱甚高，阑额纤细，普拍枋宽大，阑额出头斫作蚂蚱头形。普拍枋则斜抹角。

内部中柱上用斗拱，承托六椽栿下，前后平椽缝下，施替木及襻间。脊槫及上平槫，均用蜀柱直接立于四椽栿上。檐椽只一层，不施飞椽。

如山门这样外表，尚为我们初见；四椽栿上三蜀柱并立，可以省却一道平梁，也是少见的。

前殿 前殿五间，殿顶悬山造，殿之东西为钟鼓楼。阶基高出前院约3米，前有月台；月台左右为礓礓甬道，通钟鼓楼之下。

前殿除当心间南面外，只有柱头铺作，而没有补间铺作。斗拱，正心用泥道重拱，单昂出一跳，四铺作，跳头施令拱替木，以承橑檐槫，甚古简。令拱与梁头相交，昂嘴势甚弯。后面不用补间铺作，更为简洁。

在平面上，南面左右第二缝金柱地位上不用柱，却用极大的内额，由内平柱直跨至山柱上，而将左右第二缝前后檐柱上的“乳栿”（？）尾特别伸长，斜向上挑起，中段放在上述内额之上，上端在平梁之下相接，承托着平梁之中部，这与斗拱的用昂，在原则上，是相同的，可以说是一根极大的昂。广胜寺上下两院，都用与此相类的结构法。这种构架，在我们历年国内各地所见许多的遗物中，这还是第一个例。尤其重要的，是因日本的古建筑，尤其是飞鸟灵乐等初期的遗构，都是用极大的昂，结构与此相类，这个实例乃大可佐证建筑家早就怀疑的问题，这问题便是日本这种结构法，是直接承受中国宋以前建筑规制，并非自创，而此种规制，在中国后代反倒失传或罕见。同时使我们相信广胜寺各构，在建筑遗物实例中的重要，远超过于我们起初所想象的。

两山梁架用材极为轻秀，为普通大建筑物中所少见。前后出檐飞子极短，博风版狭而长。正脊垂脊及吻兽均雕饰繁富。

殿北面门内供僧像一躯，显然埃及风味，煞是可怪。

两山墙外为钟鼓楼下有砖砌阶基。下为发券门道可以通行。阶基立小小方亭。斗拱单昂，十字脊歇山顶。就钟鼓楼的位置论，这也不是一个常见的布置法。

殿内佛像颇笨拙，没有特别精彩处。

正殿　正殿七间居最后。正中三间辟门，门左右很高的直棂槛窗。殿顶也是悬山造。

斗拱，五铺作，重拱，出两跳，单抄单下昂，昂是明清所常见的假昂，乃将平置的华拱而加以昂嘴的。斗拱只施于柱头不用补间铺作。令拱上施替木，以承橑檐槫。泥道重拱之上，只施柱头枋一层，其上相隔颇远，方置压槽枋。论到用斗拱之简洁，我们所见到的古建筑，以这两处为最；虽然就斗拱与建筑物本身的权衡比起来，并不算特别大，而且在昂嘴及普拍枋出头处等详部，似乎倾向较后的年代，但是就大体看，这寺的建筑，其古洁的确是超过现存所有中国古建筑的。这个到底是后代承袭较早的遗制，还是原来古构已含了后代的几个特征，却甚难说。

正殿的梁架结构，与前殿大致相同。在平面上左右缝内柱与檐柱不对中，所以左右第一二缝檐柱上的乳栿，皆将后尾翘起，搭在大内额上，但栿（或昂）尾只压在四椽栿下，不似前殿之在平梁下正中相交。四椽栿以上侏儒柱及平梁均轻秀如前殿，这两殿用材之经济，虽尚未细测，只就肉眼观察，较以前我们所看过的辽代建筑尚过之。若与官式清代梁架比，真可算中国建筑中梁架轻重之两极端，就比例上计算，这寺梁的横断面的面积，也许不到清式梁的横断面三分之一。

正殿佛像五尊，塑工精极，虽然经过多次的重妆，还与大同华岩寺簿伽教藏殿塑像多少相似。侍立诸菩萨尤为俏丽有神，饶有唐风，佛容衣带，庄者庄，逸者逸，塑造技艺，实臻绝顶。东西山墙下十八罗汉，并无特长，当非原物。

东山墙尖象眼壁上，尚有壁画一小块，图像色泽皆美。据说民（国）十六（年）寺僧将两山壁画卖与古玩商，以价款修葺殿宇，唯恐此种计划仍然是盗卖古物谋利的动机。现在美国彭省大学博物院所陈列的一幅精美的称为“唐”的壁画，与此甚似。近又闻美国堪萨斯省立博物院，新近得壁画，售者告以出处，即云此寺。

朵殿　正殿之东西各有朵殿三间。朵殿亦悬山造，柱瘦高，额细，普拍枋甚宽。斗拱四铺作单下昂。当心间用补间铺作两朵，稍间一朵。全部与正殿前殿大致相似，当是同年代物。

［赵城县　广胜寺上寺］

上寺在霍山最南的低峦上。寺前的“琉璃宝塔”，冗立山头，由四五十里外望之，已极清晰。

由下寺到上寺的路颇兜峻，盘石奇大，但石皮极平润，坡上点缀着山松，风景如中国画里山水近景常见的布局，峦顶却是一个小小的高原，由此望下，可看下寺，鸟瞰全景；高原的南头就是上寺山门所在。山门之内是空院，空院之北，与山门相对者为垂花门。垂花门内在正中线上，立着“琉璃宝塔”。塔后为前殿，著名的宋版藏经，就藏在这殿里。前殿之后是个空敞的前院，左右为厢房，北面为正殿。

正殿之后为后殿，左右亦有两厢。此外在山坡上尚有两三处附属的小屋子。

琉璃宝塔　亦称为飞虹塔。就平面的位置上说，塔立在垂花门之内，前殿之前的正中线上，本是唐制。塔平面作八角形，高十三级，塔身砖砌，饰以琉璃瓦的角柱，斗拱檐瓦佛像等等。最下层有木围廊。这种做法，与热河永庥寺舍利塔及北平香山静宜园琉璃塔是一样的。但这塔围廊之上，南面尚出小抱厦一间，上交十字脊。

全部的权衡上看，这塔的收分特别的急速，最上层檐与最下层砖檐相较，其大小只及下者三分之一强。而且上下各层的塔檐轮廓成一直线，没有卷杀圜和之味。各层檐角也不翘起，全部呆板的直线，绝无寻常中国建筑柔和的线路。

塔之最下层供极大的释迦坐像一尊，如应县佛宫寺木塔之制。下层顶棚作穹窿式，饰以极繁细的琉璃斗拱。塔内有级可登，其结构法之奇特，在我们尚属初见。普通的砖塔内部，大半不可入，尤少可以攀登的。这塔却是个较罕的例外。塔内阶级每步高约 60～70厘米，宽约 10余厘米，成一个约合60° 的兜峻的坡度。这极高极狭的踏步每段到了终点，平常用休息板的地方，却不用了，竟忽然停止，由这一段的最上一级，反身却可迈过空的休息板，攀住背面墙上又一段踏步的最下一级；在梯的两旁墙上，留下小砖孔，可以容两手攀扶及放烛火的地方。走上这没有半丝光线的峻梯的人，在战栗之余，不由得不赞叹设计者心思之巧妙。

关于这塔的年代，相传建于北周，我们除在形制上可以断定其为明清规模外，在许多的琉璃上，我们得见正德十年的年号，所以现存塔身之形成，年代很少可疑之点。底层木廊正檩下，又有“天启二年创建”字样，就是廊子过大而不相称的权衡看来，我们差不多可以断定正德的原塔是没有这廊子的。

虽然在建筑的全部上看来，各种琉璃瓦饰用得繁缛不得当，如各朵斗拱的耍头，均塑作狰狞的鬼脸，尤为滑稽；但就琉璃自身的质地及塑工说，可算无上精品。

前殿 前殿在塔之北：殿的前面及殿前不甚大的院子，整个被高大的塔挡住。殿面阔五间，进深四间，屋顶单檐歇山造。斗拱重拱造，双下昂；正面当心间用补间铺作两朵，次间一朵，梢间不用；这种的布置，实在是疏朗的，但因开间狭而柱高，故颇呈密挤之状，骤看似晚代布置法。但在山面，却不用补间铺作，这种正侧两面完全不同的布置，又是他处所未见。柱头与柱头之间联络，阑额较小而普拍枋宽大，角柱上出头处，阑额斫作头，普拍枋头斜抹角。我们以往所见两普拍枋在柱头相接处，（即《营造法式》所谓“普拍枋间缝”）都顶头放置，但此殿所见，则如《营造法式》卷三十所见“勾头搭掌”的做法，也许以前我们疏忽了，所以迟迟至今才初次开眼。

前殿的梁架，与下寺诸殿梁架亦有一个相同之点，就是大昂之应用。除去前后檐间的大昂外，两山下的大昂，尤为巧妙。可惜摄影失败，只留得这帧不甚准确的速写断面图。这大昂的下端承托在斗拱耍头之上，中部放在“采步金”梁之上，后尾高高翘起，挑着平梁的中段，这种做法，与下寺所见者同一原则，而用得尤为得当。

前殿塑像颇佳，虽已经过多次的重塑，但尚保存原来清秀之气。佛像两旁侍立像，宋风十足，背面像则略次。

正殿　面阔五间，悬山造，前殿开敞的庭院，与前殿隔院相望。骤见殿前廊檐，极易误认为近世的构造，但廊檐之内，抱头梁上，赫然犹见单昂斗拱的原状。如同下寺正殿一样，这殿并不用补间铺作，结构异常简洁。内部梁架，因有顶棚，故未得见，但一定也有伟大奇特的做法。

正殿供像三尊，释迦及文殊普贤，塑工极精，富有宋风；其中尤以菩萨为美。佛帐上剔空浮雕花草龙兽几何纹，精美绝伦，乃木雕中之无上好品。两山墙下列坐十八罗汉铁像，大概是明代所铸。

后殿　居寺之最后。面阔五间，进深四间，四阿顶。因面阔进深为五与四之比，所以正脊长只及当心间之广；异常短促，为别处所未见。内柱相距甚远，与檐柱不并列。斗拱为五铺作双下昂。当心间用补间铺作两朵，次间梢间及两山各用一朵。柱头作两下昂平置，托在梁下，补间铺作则将第二层昂尾挑起。柱瘦高，额细长，普拍枋较阑额略宽。角柱上出头处，阑额斫作头，普拍枋抹角，做法与前殿完全相同。殿内梁架用材轻巧，可与前殿相埒。山面中线上有大昂尾挑上平榑下。内柱上无内额，四阿并不推山。梁架一部分的彩画，如几道榑下红地白绿色的宝相华（？）及斗拱上的细边古织锦文，想都是原来色泽。

殿除南面当心间辟门外，四周全有厚壁。壁上画像不见得十分古，也不见得十分好。当心间格扇，花心用雕镂拼镶极精细的圆形相交花纹，略如《营造法式》卷三十二所见“挑白球文格眼”，而精细过之。这格扇的格眼，乃由许多各个的梭形或箭形雕片镶成，在做工上是极高的成就。在横披上，格扇纹样与下面略异，而较近乎清式“菱花格扇”的图案。

后殿佛像五尊，塑工甚劣，面貌肥俗，手臂无骨，衣褶圆而下垂，背光繁缛不堪，佛冕及发全是密宗的做法。侍立菩萨较清秀，但都不如正殿塑像远甚。

广胜寺上下两院的主要殿宇，除琉璃宝塔而外，大概都属于同一时期，它们的结构法及作风都是一致的。

上下两寺壁间嵌石颇多，碑碣也不少，其中叙述寺之起源者，有治平元年重刻的郭子仪奏碣。碣字体及花边均甚古雅。文如下：

> 晋州赵城县城东南三十里，霍山南脚上，古育王塔院一所。右河东□观察使司徒□兼中书令，汾阳郡王郭子仪奏；臣据□朔方左厢兵马使，开府仪同三司，试太常卿，五原郡王李光瓒状称前塔接山带水，古迹见存，堪置伽蓝，自愿成立。伏乞奏置一寺，为国崇益福□，仍请以阿育王为额者。巨准状牒州勘责，得耆寿百姓陈仙童等状，与光瓒所请，置寺为广胜。因伏乞天恩，遂其诚愿，如蒙特命，赐以为额，仍请于当州诸寺选僧住持洒扫。中书门下牒河东观察使牒奉敕故牒。大历四年五月二十七日牒。住寺阇梨僧□切见当寺石碣岁久，隳坏年深，今欲整新，重标斯记。治平元年，十一月二十九日。

由右碣文看来，寺之创立甚古，而在唐代宗朝就原有塔院建立伽蓝，敕名广胜。至宋英宗时，伽蓝想仍是唐代原建。但不知何时伽蓝颓毁，以致需要将下寺。

计九殿自（金）皇统元年辛酉（公元1141年）至贞元元年癸酉（公元1153年）历二十三年[①]，无年不兴工……

却是这样大的工程，据元延祐六年（公元1319年）石，则：

大德七年（公元1303年），地震，古刹毁，大德九年修渠（按即下寺前水渠），木装。延祐六年始修殿。

大德七年的地震一定很剧烈，以致“古刹毁”。现存的殿宇，用大昂的梁架虽属初次拜见，无由与其他梁架遗例比较。但就斗拱枋额看，如下昂嘴纤弱的卷杀，普拍枋出头处之抹去方角，都与他处所见相似。至于瘦高的檐柱和细长的额枋，又与霍县文庙如出一手。其为元代遗物，殆少可疑。不过梁架的做法，极为奇特，在近数年寻求所得，这还是唯一的一个孤例，极值得我们研究的。

［赵城县　广胜寺　明应王殿］

广胜寺在赵城一带，以其泉水出名。在山麓下下寺之前，有无数的甘泉，由石缝及地下涌出，供给赵城洪洞两县饮料及灌溉之用。凡是有水的地方都得有一位龙王，所以就有龙王庙。

这一处龙王庙规模之大，远在普通龙王庙之上，其正殿——明应王殿——竟是个五间正方重檐的大建筑物。若是论到殿的年代，也是龙王庙中之极古者。

明应王殿平面五间，正方形，其中三间正方为殿身，周以回廊。上檐显山顶，檐下施重拱双下昂斗拱。当心间施补间铺作两朵，次间

① 从1141年到1153年，共13年。此处疑是作者笔误。

施一朵。斗拱权衡颇为雄大，但两下昂都是平置的华拱，而加以昂嘴的。下檐只用单下昂，次间梢间不施补间铺作，当心间只施一朵，而这一朵却有四十五度角的斜昂。额的权衡上下两檐有显著之异点，上檐阑额较高较薄，下檐则极小；而普拍枋则上檐宽薄，而下檐高厚。上檐以阑额为主而辅以普拍枋，下檐与之正相反，且在额下施繁缛的雕花罩子。殿身内前面两金柱省去，而用大梁由前面重檐柱直达后金柱，而在前金柱分位上施扒梁。并无特殊之点。

明应王殿四壁皆有壁画，为元代匠师笔迹。据说正门之上有画师的姓名及年月，须登梯拂尘燃灯始得读，惜匆匆未能如愿。至于壁画，其题材纯为非宗教的，现有古代壁画，大多为佛像，这种题材，至为罕贵[①]。

至于殿的年代，大概是元大德地震以后所建，与嵩山少林寺大德年间所建鼓楼，有许多相似之点。

明应王殿的壁画，和上下寺的梁架，都是极罕贵的遗物，都是我们所未见过的独例。由美术史上看来，都是绝端重要的史料。我们预备再到赵城作较长时间的逗留，俾得对此数物，作一个较精密的研究。目前只能作此简略的记述而已。

［赵城县　霍山　中镇庙］

照《县志》的说法，广胜寺在县城东南四十里霍山顶，兴唐寺唐建，在城东三十里霍山中，所以我们认为他们在同一相近的去处，同在霍山上，相去不过二十余里，因而预定先到广胜寺，再由

① 此殿壁画内容为道教题材，其中戏剧壁画是壁画中的珍品。

山上绕至兴唐寺去。却是事实乃有大谬不然者。到了广胜寺始知到兴唐寺远须下山绕到去城八里的侯村，再折回向东行再行入山，始能到达。我心想既称唐建，又在山中，如果原构仍然完好，我们岂可惮烦，轻轻放过。

我们晨九时离开广胜寺下山，等到折回又到了霍山时已走了十二小时！沿途风景较广胜寺更佳，但近山时实已入夜，山路崎岖峰峦迫近如巨屏，谷中渐黑，凉风四起，只听脚下泉声奔湍，看山后一两颗星点透出夜色，骡役俱疲，摸索难进，竟落后里许。我们本是一直徒步先行的，至此更得奋勇前进，不敢稍怠（怕夫役强主回头，在小村落里住下），入山深处，出手已不见掌，加以脚下危石错落，松柏横斜，行颇不易。喘息攀登，约一小时，始见远处一灯高悬，掩映松间，知已近庙，更急进敲门。

等到老道出来应对，始知原来我们仍远离着兴唐寺三里多，这处为霍岳山神之庙亦称中镇庙。乃将错就错，在此住下。

我们到时已数小时未食，故第一事便到“香厨”里去烹煮。厨在山坡上窑穴中，高踞庙后左角，庙址既大，高下不齐，废园荒圃，在黑夜中更是神秘，当夜我们就在正殿塑像下秉烛洗脸铺床，同时细察梁架，知其非近代物。这殿奇高，烛影之中，印象森然。

第二天起来忙到兴唐寺去，一夜的希望顿成泡影。兴唐寺虽在山中，却不知如何竟已全部拆建，除却几座清式的小殿外，还加洋式门面等等；新塑像极小，或罩以玻璃框，鄙欲无比，全庙无一样值得纪录的。

中镇庙虽非我们初时所属意，来后倒觉得可以略略研究一下。据《山西古物古迹调查表》，谓庙之创建在隋开皇十四年，其实就形制上看来，恐最早不过元代。

殿身五间，周围廊，重檐歇山顶。上檐施单抄单下昂五铺作斗拱，下檐则仅单下昂。斗拱颇大，上下檐俱用补间铺作一朵。昂嘴细长而直；耍头前面微，而上部圆头突起，至为奇特。

［太原县　晋祠①］

晋祠离太原仅五十里，汽车一点多钟可达，历来为出名的“名胜”，闻人名士由太原去游览的风气自古盛行。我们在探访古建的习惯中，多对“名胜”怀疑：因为最是“名胜”容易遭“重修”的大毁坏，原有建筑故最难得保存！所以我们虽然知道晋祠离太原近在咫尺，且在太原至汾阳的公路上，我们亦未尝预备去访“胜”的。

直至赴汾的公共汽车上了一个小小山坡，绕着晋祠的背后过去时，忽然间我们才惊异的抓住车窗，望着那一角正殿的侧影，爱不忍释。相信晋祠虽成“名胜”却仍为“古迹”无疑。那样魁伟的殿顶，雄大的斗拱，深远的出檐，到汽车过了对面山坡时，尚巍巍在望，非常醒目。晋祠全部的布置，则因有树木看不清楚，但范围不小，却也是一望可知。

我们惭愧不应因其列为名胜而即定其不古，故相约一月后归途至此下车，虽不能详察或测量，至少亦得浏览摄影，略考其年代结构。

由汾回太原时我们在山西已过了月余的旅行生活，心力俱疲，远带着种种行李什物，诸多不便，但因那一角殿宇常在心目中，无

---

① 太原县晋祠：此晋祠 1961 年经国务院公布为“第一批全国重点文物保护单位”（编号 85）。

论如何不肯失之交臂，所以到底停下来预备作半日的勾留，如果错过那末后一趟公共汽车回太原的话，也只好听天由命，晚上再设法露宿或住店！

在那种不便的情形下，带着一不做，二不休的拼命心理，我们下了那挤到水泄不通的公共汽车，在大堆行李中捡出我们的“粗重细软”——由杏花村的酒坛子到峪道河边的兰芝种子——累累赘赘的，背着掮着，到车站里安顿时，我们几乎埋怨到晋祠的建筑太像样——如果花花簇簇的来个乾隆重建，我们这些麻烦不全省了吗？

但是一进了晋祠大门，那一种说不出的美丽辉映的大花园，使我们惊喜愉悦，过于初时的期望。无以名之，只得叫它做花园。其实晋祠布置又像庙观的院落，又像华丽的宫苑，全部兼有开敞堂皇的局面和曲折深邃的雅趣，大殿楼阁在古树婆娑池流映带之间，实像个放大的私家园亭。

所谓唐槐周柏，虽不能断其为原物，但枝干奇伟，虬曲横卧，煞是可观。池水清碧，游鱼闲逸，还有后山石级小径楼观石亭各种衬托。各殿雄壮，巍然其间，使初进园时的印象，感到俯仰堂皇，左右秀媚，无所不适。虽然再进去即发现近代名流所增建的中西合璧的丑怪小亭子等等，夹杂其间。

圣母庙为晋祠中间最大的一组建筑；除正殿外，尚有前面“飞梁”（即十字木桥），献殿及金人台，牌楼等等，今分述如下：

正殿　晋祠圣母庙大殿，重檐歇山顶，面阔七间进深六间，平面几成方形，在布置上，至为奇特。殿身五间，副阶周币。但是前廊之深为两间，内槽深三间，故前廊异常空敞，在我们尚属初见。

斗拱的分配，至为疏朗。在殿之正面，每间用补间铺作一朵，侧面则仅梢间用补间铺作。下檐斗拱五铺作，单拱出两跳；柱头出双下昂，补间出单杪单下昂。上檐斗拱六铺作，单拱出三跳，柱头出双杪单下昂，补间出单杪双下昂，第一跳偷心，但饰以翼形拱。但是在下昂的形式及用法上，这里又是一种未曾得见的奇例。柱头铺作上极长大的昂嘴两层，与地面完全平行，与柱成正角，下面平，上面斫，并未将昂嘴向下斜斫或斜插，亦不求其与补间铺作的真下昂平行，完全真率的坦然放在那里，诚然是大胆诚实的做法。在补间铺作上，第一层昂昂尾向上挑起，第二层则将与令拱相交的耍头加长斫成昂嘴形，并不与真昂平行的向外伸出。这种做法与正定龙兴寺摩尼殿斗拱极相似，至于其豪放生动，似较之尤胜。在转角铺作上，各层昂及由昂均水平的伸出，由下面望去，颇呈高爽之象。山面除梢间外，均不用补间铺作。斗拱彩画与《营造法式》卷三十四“五彩遍装”者极相似。虽属后世重装，当是古法。

这殿斗拱俱用单拱，泥道单拱上用柱头枋四层，各层枋间用斗垫托。阑额狭而高，上施薄而宽的普拍枋。角柱上只普拍枋出头，阑额不出。平柱至角柱间，有显著的生起。梁架为普通平置的梁，殿内因黑暗，时间匆促，未得细查。前殿因深两间，故在四椽栿上立童柱，以承上檐，童柱与相对之内柱间，除斗拱上之乳栿及蓑牵外，柱头上更用普拍枋一道以相固济。

按卫聚贤《晋祠指南》，称圣母庙为宋天圣年间建。由结构法及外形姿势看来，较《营造法式》所订的做法的确更古拙豪放，天圣之说当属可靠。

献殿　献殿在正殿之前，中隔放生池。殿三间，歇山顶。与正殿结构法手法完全是同一时代同一规制之下的。斗拱单拱五铺作；柱头铺作双下昂，补间铺作单杪单下昂，第一跳偷心，但饰以小小翼形拱。正面每间用补间铺作一朵，山面唯正中间用补间铺作。柱头铺作的双下昂，完全平置，后尾承托梁下，昂嘴与地面平行，如正殿的昂。补间则下昂后尾挑起，耍头与令拱相交，长长伸出，斫作昂嘴形。两殿斗拱外面不同之点，唯在令拱之上，正殿用通长的挑檐枋，而献殿则用替木。斗拱后尾唯下昂挑起，全部偷心，第二跳跳头安梭形“拱”，单独的昂尾挑在平槫之下。至于柱头普拍枋，与正殿完全相同。

献殿的梁架，只是简单的四椽栿上放一层平梁，梁身简单轻巧，不弱不费，故能经久不坏。

殿之四周均无墙壁，当心间前后辟门，其余各间在坚厚的槛墙之上安直棂栅栏，如《营造法式》小木作中之叉子，当心间门扇亦为直棂栅栏门。

殿前阶基上铁狮子一对，极精美，筋肉真实，灵动如生。左狮胸前文曰“太原文水弟子郭丑牛兒……政和八年四月二十六日”，座后文为“灵石县任章常柱任用段和定……”，右狮字不全，只余“乐善”二字。

飞梁　正殿与献殿之间，有所谓《飞梁》者，横跨鱼沼之上。在建筑史上，这“飞梁”是我们现在所知的唯一的孤例。本刊五卷一期中，刘敦桢先生在《石轴柱桥述要》一文中，对于石柱桥有详细的申述，并引《关中记》及《唐六典》中所记录的石柱桥。就晋祠所见，则在池中立方约 30厘米的石柱若干，柱上端微卷杀如殿宇之柱；柱上有普拍枋相交，其上置斗，斗上施十字拱相交，以承梁或额。在形制上这桥诚然极古，当与正殿献殿属于同一时期。而在名称上尚保存着古名，谓之飞梁，这也是极罕贵值得注意的。

金人 献殿前牌楼之前，有方形的台基，上面四角上各立铁人一，谓之金人台。四金人之中，有两个是宋代所铸，其西南角金人胸前铸字，为宋故绵州魏城令刘植……等于绍圣四年立。像塑法平庸，字体尚佳。其中两个近代补铸，一清朝，一民国，塑铸都同等的恶劣。

晋祠范围以内，尚有唐叔虞祠，关帝庙等处，匆促未得入览，只好俟诸异日。唐贞观碑原石及后代另摹刻的一碑均存，且有碑亭妥为保护。

[山西民居]

门楼 山西的村落无论大小，很少没有一个门楼的。村落的四周，并不一定都有围墙，但是在大道入村处，必须建一座这种纪念性建筑物，提醒旅客，告诉他又到一处村镇了。河北境内虽也有这种布局，但究竟不如山西普遍。

山西民居的建筑也非常复杂，由最简单的穴居到村里深邃富丽的财主住宅院落，到城市中紧凑细致的讲究房子，颇有许多特殊之点，值得注意的。但限于篇幅及不多的相片，只能略举一二，详细分类研究，只能等待以后的机会了。

穴居 穴居之风，盛行于黄河流域，散见于河南，山西，陕西，甘肃诸省，龙非了先生在本刊五卷一期《穴居杂考》一文中，已讨论得极为详尽。这次在山西随处得见；穴内冬暖夏凉，住居颇为舒适，但空气不流通，是一个极大的缺憾。穴窑均作抛物线形，内部有装饰极精者，窑壁抹灰，乃至用油漆护墙。窑内除火炕外，更有衣橱桌椅等等家具。窑穴时常据在削壁之旁，成一幅雄壮的风景画，或有穴门权衡优美纯净，可在建筑术中称上品的。

砖窑 这并非北平所谓烧砖的窑，乃是指用砖发券的房子而言。虽没有向深处研究，我们若说砖窑是用砖来模仿崖旁的土窑，当不至于大错。这是因住惯了穴居的人，要脱去土窑的短处，如潮湿，土陷的危险等等，而保存其长处，如高度的隔热力等，所以用砖砌成窑形，三眼或五眼，内部可以互通。为要压下券的推力，故在两旁须用极厚的墙墩：为要使券顶坚固，故须用土作撞券。这种极厚的墙壁，自然有极高的隔热力的。

这种窑券顶上，均用砖墁平，在秋收的时候，可以用作暴晒粮食的露台。或防匪时村中临时城楼，因各家窑顶多相联，为便于升上窑顶，所以窑旁均有阶级可登。山西的民居，无论贫富，什九以上都有砖窑或土窑的，乃至在寺庙建筑中，往往也用这种做法。在赵城至霍山途中，适过一所建筑中的砖窑，颇饶趣味。

在这里我们要特别介绍在霍山某民居门上所见的木版印门神，那种简洁刚劲的笔法，是匠画中所绝无仅有的。

磨坊 磨坊虽不是一种普通的民居，但是住着却别有风味。

磨坊利用急流的溪水做发动力，所以必须引水入室下，推动机轮，然后再循着水道出去流入山溪。因磨粉机不息的震动，所以房子不能用发券，而用特别粗大的梁架。因求面粉洁净，坊内均铺光润的地板。凡此种种，都使得磨坊成一种极舒适凉爽，又富有雅趣的住处，尤其是峪道河深山深溪之间，世外桃源里，难怪被人看中做消夏最合宜的别墅。

由全部的布局上看来，山西的村野的民居，最善利用地势，就山崖的峻缓高下，层层叠叠，自然成画！使建筑在它所在的地上，如同自然由地里长出来，权衡适宜，不带丝毫勉强，无意中得到建筑术上极难得的优点。

农庄内民居 就是在很小的村庄之内，庄中富有的农人也常有极其讲究的房子，这种房子和北方城市中的“瓦房”同一模型，皆以“四合头”为基本，分配的形式，中加屏门，垂花门等等。其与北平通常所见最不同处有四点：

一、在平面上，假设正房向南，东西厢房的位置全在北房“通面阔”的宽度以内，使正院成一南北长东西窄，狭长的一条，失去四方的形式。这个布置在平面上当然是省了许多地盘，比将厢房移出正房通面阔以外经济，且因其如此，正房及厢房的屋顶（多半平顶）极容易联络，石梯的位置，就可在厢房北头，夹在正房与厢房之间，上到某层便可分两面，一面旁转上到厢房屋顶，又一面再上几级可达正房顶。

二、虽说是瓦房，实仍为平顶砖窑，仅留前廊或前檐部分用斜坡青瓦。侧面看去实像砖墙前加用“雨搭”。

三、屋外观印象与所谓三开间同，但内部却仍为三窑眼，窑与窑间亦用发券门，印象完全不似寻常堂屋。

四、屋的后面女儿墙上做成城楼式的箭垛，所以整个房子后身由外面看去直成一座堡垒。

城市中民居 如介休灵石城市中民房与村落中讲究的大同小异，但多有楼，如用窑造亦仅限于下层。城中房屋栉比，拥挤不堪，平面布置尤其经济，不多占地盘，正院比普通的更瘦窄。

一房与他房间多用夹道，大门多在曲折的夹道内，不像北平房子之庄重均衡，虽然内部则仍沿用一正两厢的规模。

这种房子最特异之点，在瓦坡前后两片不平均的分配。房脊靠后许多，约在全进深四分之三的地方，所以前坡斜长，后坡短促，前檐玲珑，后墙高垒，作内秀外雄的样子，倒极合理有趣。

赵城霍州的民房所占地盘较介休一般从容得多。赵城房子的檐廊部分尤多繁富的木雕，院内真是画梁雕栋琳琅满目，房子虽大，联络甚好，因厢房与正屋多相连属，可通行。

山庄财主的住房 这种房子在一个庄中可有两三家，遥遥相对，仍可以令人想象到当日的气焰。其所占地面之大，外墙之高，砖石木料上之工艺，楼阁别院之复杂，均出于我们意料之外甚多。灵石往南，在汾水东西有几个山庄，背山临水，不宜耕种，其中富户均经商别省，发财后回来筑舍显耀宗族的。

房子造法形式与其他山西讲究房子相同，但较近于北平官式，做工极其完美。外墙石造雄厚惊人，有所谓“百尺楼”者，即此种房子的外墙，依着山崖筑造，楼居其上。由庄外遥望，十数里外犹可见，百尺矗立，崔嵬奇伟，足镇山河，为建筑上之荣耀！

[结尾]

这次晋汾一带暑假的旅行，正巧遇着同蒲铁路兴工期间，公路被毁，给我们机会将三百余里的路程，慢慢地细看，假使坐汽车或火车，则有许多地方都没有停留的机会，我们所错过的古建，是如何的可惜。

山西因历代争战较少，故古建筑保存得特多。我们以前在河北及晋北调查古建筑所得的若干见识，到太原以南的区域，若观察不慎，时常有以今乱古的危险。在山西中部以南，大个儿斗拱并不稀罕，古制犹存。但是明清期间山西的大斗拱，斗拱昂嘴的卷杀，极其弯矫，斜拱用得毫无节制，而斗拱上加入纤细的三福云一类的无谓雕饰，允其暴露后期的弱点，所以在时代的鉴别上，仔细观察，还不十分扰乱。

殿宇的制度，有许多极大的寺观，主要的殿宇都用悬山顶，如赵城广胜下寺的正殿前殿，上寺的正殿等，与清代对于殿顶的观念略有不同。同时又有多种复杂的屋顶结构，如霍县火星圣母庙，文水县开栅镇圣母庙等等，为明清以后官式建筑中所少见。有许多重要的殿宇，檐椽之上不用飞椽，有时用而极短。明清以后的作品，雕饰偏于繁缛，尤其屋顶上的琉璃瓦，制瓦者往往为对于一件一题雕塑的兴趣所驱，而忘却了全部的布局，甚悖建筑图案简洁的美德。

发券的建筑，为山西一个重要的特征，其来源大概是由于穴居而起，所以民居庙宇莫不用之，而自成一种特征，如太原的永祚寺大雄宝殿，是中国发券建筑中的主要作品，我们虽然怀疑它是受了耶稣会士东来的影响，但若没有山西原有通用的方法，也不会形成那样一种特殊的建筑的。在券上筑楼，也是山西的一种特征，所以在古剧里，凡以山西为背景的，多有上楼下楼的情形，可见其为一种极普遍的建筑法。

赵城县广胜寺在结构上最特殊，所以我们在最近的将来，即将前往详究。晋祠圣母庙的正殿，飞梁，献殿，为宋天圣间重要的遗构，我们也必须去做进一步的研究的。